当一切改变时，改变一切

动荡世界的安身之道

[美] 尼尔·唐纳德·沃尔什 (Neale Donald Walsch)◎著

江月◎译

团结出版社

图书在版编目（C I P）数据

当一切改变时，改变一切：动荡世界的安身之道/(美)尼尔·唐纳德·沃尔什（Neale Donald Walsch）著；江月 译.--北京：团结出版社，2017.1

ISBN 978-7-5126-4791-6

I.①当… II.①尼… ②江… III.①人生哲学－通俗读物 IV.①B821-49

中国版本图书馆 CIP 数据核字（2016）第 318725 号

著作权合同登记号：图字：01-2016-7766

出　版：团结出版社
（北京市东城区东皇城根南街 84 号　邮编：100006）
电　话：(010) 65228880　65244790
网　址：www.tjpress.com
E-mail：65244790@163.com
经　销：全国新华书店
印　刷：三河市兴达印务有限公司

开　本：900×1270　1/32
印　张：10.5
字　数：180 千字
版　次：2017 年 1 月　第 1 版
印　次：2017 年 1 月　第 1 次印刷

书　号：978-7-5126-4791-6
定　价：38.00 元

目　录

第一部分　心智的运作机制

弄清楚心智的运作机制，你就可以转化正在经历的改变。

第二部分　灵魂的系统

认识灵魂的系统，使之帮你创造生活中的改变，而不是在现实面前屈服。

开场：一场深入内在的对话

请坐。

没错。

请坐。

极有可能，此时你正站着读本书开头的几行文字（在书店或是在别人家中），你仅仅是在浏览，以便确定自己是否打算继续读下去。

若你是站着的，那么，请坐下。我敢肯定，你不会在只读了开头几段后就一走了之，你会花更多的时间来读这本书。因此，在你无法确定是否购买本书之前，请尽可能“偷得浮生半日闲”地多读几页，因为我希望你能明了自己手中拿着的究竟是一本怎样的书。

它是一场对话，而非简单的一本书，在本书中，我们将开展一次意义非凡的探索之旅，带你去发现人生在心智层面和心灵层面上是怎样运作的。并由此得到一个惊人的启示：我们能够改变自己对改变本身的体验，毋庸置疑，这也意味着改变我们对生命的体验。

所以，若你此刻的生活令你陷于挣扎之中，那么，对你来说，接下来我们要进行的这场对话，会为你指明一条平安和获救之道。

我想要你坐下来，是因为我希望你读到这一切的时候可以更舒适些，从而可以真正地吸收它们。我在此要和你分享的内容并非你随手可得的东西，也不是匆匆一瞥就能明白的东西——这是一本需要你坐下来仔细阅读的书。

当然，我也希望，你可以在坐下来后获得这个信息——不管你此时是站着还是坐着，也不管你此时是准备好了还是没有准备好，这个信息就是：**在你的人生中，改变并不会就此停止。**

若你认为改变仅是暂时的，情况会自行化险为夷，那么，你必定会异常吃惊。因为情况并不会自行“化险为夷”，相反，在这个世界上，在你自己的生活中，在非常长的一段时间内，一切都会处于不断的巨变中。这个时间段，我可以告诉你，事实上，是永远。

改变就是自然之道，而你不能改变这一点。

唯一可以改变的是，你将怎样面对改变，以及怎样因改变而改变。

这就是本书要谈论的。

我们要在书中谈论当你面对生活中出现的重大改变时，应该怎样应对？要清楚，这并非细小的改变，而是人生巨变。

所以，若你的人生此刻正在分崩离析，若你正身处水深火热之中，若你刚刚遭遇火难，那么，你恰好可以从本书中找到拯救你的方法。我说的是拯救你的情感。但是，天知道，或许，它甚至可以救你一命。

在书中，我会告诉你可以改变一切的九大改变法则。这九大改变法则会帮助你转变你的整个现实。也许，你对它们心存怀疑。没关系，你起码可以读一读这九大改变法则。

我希望，在你读完本书后，尽快将之付诸实践。不仅是因为你此刻正在经历的人生改变（我们所有的人都在经历着改变）会持续下去，而且也因为改变的速度只会加快，不会减慢。

几年前有人指出，就我曾祖父那一代人而言，人们或许可以安然度过一生，而其世界观不会受到任何现实的挑战，因为很少有什么会改变他们对事物的认识。

我的爷爷则经历了一段不同的人生经历。在他三四十岁之际，一些新发现的信息会和他的世界观发生严重的冲突。就算是这样，终其一生，他所经历的这种重大事件或进程，也寥寥无几。

在我父亲生活的时代，改变的周期缩短了，即每十五年到二十年改变一次。在这期间，我父亲能够保持其对人生的理解和对万事万物的观念。但是，一些重大事件早晚都会发生，从而将其整个世界观完全搅乱，并迫使他改变原来的信念。

在我自己的生活中，改变的周期已缩短了很多，即每五年到八年改变一次。

到了我的下一代，改变的周期会缩短到每两年或更短。

到了他们的下一代，改变的周期会缩短到三十到四十个星期那么短。

这并非夸张之言，你可以看出这种趋势。社会学家说，改变的速度正在呈指数级上升。

在我曾孙的时代，改变的周期或许会缩短到用天来计算。

接下来，就会用小时计算。

实际上，我们已经是这样了——我们从来就是这样。因为在现实中，没有什么一成不变，就算是在一刹那之间，改变也在发生着。

万事万物都处于运动之中，若我们用运动来定义改变，我们就会明白，改变，恰恰是事物的自然规律。因此，我们从一开始就始终生活在不断改变的旋涡之中。

现在，不同之处在于，我们注意到，始终在发生着的改变发生的时间在逐渐变短。我们在几秒钟内就可以进行全球范围内的沟通的速度，将我们对改变的体验方式改变了。我们的沟通速度正在赶上我们的改变速度，而这种情形本身就加快了改变速度。

如今，我们的语言和表达方式很快就会改变，我们的习俗和时尚每一个季节都会改变，我们的信念和认知，甚至包括一些我们坚信的信条，在每一代人之内就发生了数次改变，而非随着一代人而发生变化。

对于需要面对生活急剧变化的人类来说，在我们的周围、在我们的身上发生的改变实在是太快了，因此，一本指南、一本实操手册是人们如今迫切需要的。所以，本书远不止是一本谈论经历过人生巨变的人们的逸闻趣事或“真实故事”，或仅仅是对值得深入探究的问题的蜻蜓点水、敷衍了事。

在本书中，提供了一些对他人经历（也包括我本人的经历）的观察，也提供了一种人们所迫切需要知道的心智和灵魂在应对改变方面的基本规律，并教你具体怎样运用心智和灵魂的工具来转变自己应对改变的方式。

我们会从这九大改变法则中获得力量，从而使得我们不去阻止改变（我希望我已经指出这是不可能的）或减缓改变的进程。与此同时，在面对改变、应对改变、创造改变的方式上，我们会发生质的飞跃。

最后再说一句，书中的观念是建立在古老智慧、现代科学、日用哲学、实用形而上学和当代灵性资料的基础上的。

本书假定：神性是存在的，生命自有其目的，人类拥有灵魂，我们拥有肉身，但肉身不能代表全部的我们。最重要的是，我们始终能掌控自己的心智。

当然，若心中抗拒这些观念，就会削弱在本书中分享的很多观念的基础。但是，若你认同这些观念，那么，你会发现，你手中所握的或许是自己在非常长的一段时间内所读过的最有用、最有帮助、最有力量的一本书。

改变一切的九大法则

1. 放下“独自面对”，获得支持远比孤军奋战对你更有益
2. 重新选择体验情感的方法
3. 从观念的陷阱跳出
4. 远离想象中的真相
5. 不要抗拒，改变并非一件坏事情
6. 记住，一切改变都是为了让你变得更好
7. 让灵魂参与未来的改变
8. 明白你是身体、心智、灵魂三者的总和，并且，还要多
9. 和生命更大的源头保持联结

心智和灵魂

接下来，我们将分两部分进行探索。第一部分，我们将讨论怎样在现实层面上体验改变，第二部分，我们将在形而上的层面上进行讨论。

换言之，我们会首先来看看心智是怎样运作的；然后，再来看看灵魂是怎样运作的。

掌握了我们存在的这两个方面，我们就会不仅知道怎样思考，也知道思考什么。

现在，我清楚地知道：心智是一个工具、一种机制，它从灵魂那里获得燃料；你的燃料越少，你的引擎运作的效率就越低下；相反，若你的心智自你的灵魂处获得了足够的精神能量，你的引擎就会动力十足，从而创造奇迹！

第一部分

心智的运作机制

弄清楚心智的运作机制，

你就可以转化正在经历的改变。

一本恰逢其时的书

若你的生活发生了重大改变，我非常遗憾。

我知道，井然有序的生活是多么令人舒畅，也知道，盼望一切都一如当初的感觉是什么样子。但当现实变得无法如你所愿时，我知道你会多么沮丧。

若这种改变危及你的安全感时，就更加令人沮丧了。

如果你突然发现自己缺乏谋生手段，找不到工作，负债累累，甚至可能失去家庭，那么，就不仅仅是“改变”这么简单了。你面对的是“失去一切”，这是受到威胁，而不仅仅是困扰和或挫折。

此刻，你可能还没经历过这些严重程度不一的改变。但无论如何，在你人生的某个阶段，可能会面临重大的改变——威胁。面临重大改变时，我们的生活就会受到不同程度的威胁，尤其是以下三个方面的改变：

家庭

财富

健康

如果其中的一样发生改变，对你而言，就会是一个重大挑战；而如果任意两种同时改变，情形就会变得超乎想象的艰难；非常不幸，如果三种同时改变，那简直就是世界末日了。

我知道。

我经历过此类巨变。

我经历过所有这三种巨变，而且，是同时。

我可以谈谈当时的感受：

在一次交通意外中，我摔断了脖子（健康），整个康复期达数月之久，我不得不中止工作。而且保险公司想尽办法减少理赔甚至不予理赔（财富）。同时，我自己的生活也正发生着急剧的变化，我正经历与我的伴侣离婚和与孩子分离的痛苦（家庭）。

此后的一年里，我无家可归，只能生活在野外，流浪街头，乞讨，靠拾罐头瓶、啤酒瓶攒钱来买吃的（有时运气不佳）。我全部的家当就是一个睡袋、一顶帐篷、两条牛仔裤、三件衬衫和一些杂物。

我知道，一个人失去安全感是怎么回事。我知道，眼看着自己的人生分崩离析，两周之内完全变样是什么感受。

对，我知道这种感受。请相信我。

经过这次变故，我学会了如何面对改变。不是说我做得多么好，而是我从切身体验中学到了一些东西，这也是我接下来要谈的内容。

我们会在这儿谈论如何面对改变，我所谈的一切都来自我的切身体验。表面上看，我们面对的是崩溃、灾难……但这一切的背后都有一个共同的原因——改变——事物一夕之间失去了原本的样貌，它们改变了，无法挽回地、不可估量地、彻彻底底地改变了。

今天，一位正经历着人生巨变的女士给我发了一封电子邮件。她知道，我在写这本书。

她说："我从没想到过把我经历的一切称作'改变'。当你身陷其中，当你周围的一切都在分崩离析，你不可能视其为'改变'，更像是世界末日……熟悉的一切都消失了，之后什么都没剩下。在我听说这本书之前，我绝不会把自己经历的一切称为改变。我不知道该如何称呼它，只能说，我的人生被毁了，完蛋了。”

这位女士名叫利娅，她同意我引用她的邮件内容。

“改变是可怕的，”她写道，“但感觉‘完蛋了’却是另一码事。我查过字典，‘改变’究竟是什么意思。改变意味着新事物正在来临。与正在面对人生中灾难的人们所持观点相比，这是一种很不同的视角。事实上，让他们先认识到正在发生的一切正是‘改变’，这对他们会有帮助。”

说得好，利娅。你说到了点子上。因此，我把已完成的第一章撕掉，重新写下了以下这些内容。

我认为利娅说得非常正确。所以，我把改变定义为：

改变，是指任何物质或非物质的环境、情形或境遇，以某种方式发生转变，导致其不仅不同于原本的样子，而且变得面目全非，不可能恢复原貌。

换句话说，我们这里所谈论的是一种重大的转变，不是换一件衣服、一本菜谱，或更改一下晚间的电视节目单。我们谈论的是改变人生的事件——令我们受伤、遭受破坏，扼杀我们梦想，阻挠我们的计划，扰乱我们未来的那种改变。

我们所谈论的是如何疗愈这种重大转变带来的破坏。我们常说，当一切改变时，有时上策就是改变一切，不仅是物质的，也包括非物质的，包括你的思想、感情，甚至真相。

我们在这里所要讨论的是一种从头到尾、从里到外的彻底大修。毕竟，你的人生已经翻转了个底朝天，那么何不把它进行到底呢？并且是用你希望的方式，而不是你不得不接受的方式……

在开始这样的探索之前，我希望你能感觉到，我至少在某种程度上理解你正在经历的事，这样，你就知道不是在听一个根本不了解你的人高谈阔论——那些居高临下教导你“摆平一切”的导师，他们从未有过你那样的处境。

我希望你可以觉得，就算自己的生活中没有一件好事，但今天你能翻开这本书就是一件好事。所以，你瞧，**今天发生了一件好事。**

我们可以从这儿开始。我和你，我们并肩面对一切，以新的、更好的方式重整你的生活。

我敢这样承诺吗？我的意思是说：“我们一起试试看。”看看我们能做些什么。你已没什么可失去的了，不是吗？那就让我们尝试一下。

让我们把你能翻开这本书不仅当作是今天发生的一件好事，而且也是你今生发生的最好的事情之一！

怎么样？你想试试吗？

在人生的战斗中，如果它已让你心力交瘁、疲惫不堪，让你一败涂地，你甚至都不想再尝试了，那么你愿意这样做吗？只是尝试一下吗？

如果愿意，我想我们就能成功。而我可以向你保证：你不必走得比你所希望的更快，但和你觉得舒服的速度相比，肯定会更快。

在这个过程中，我会给你很多休息的时间，很多喘息的空间。只要你想，你就可以歇一会儿。

如果你正在忍受痛苦的煎熬，没有比看一本“很好，一切OK”的书更难以忍受的事情了，我痛恨这种书。我讨厌那种一味狂喊“加油”的书。

“张开双臂，喊出心中压抑的痛苦，一切都会好起来，而且会更好。”接下来，我的感觉可能会更糟，尽管那种书的作者说，这很容易……可事实上，我做不到。

那么，看看我们是否都同意这样的观点：应对改变并不容易，如果没有工具的话。谁有这样的工具呢？哪一所学校教过“灾难入门”课？哪里有“改变现在生活中的原理”的课程呢？所以，对于大多数人来说，应对重大改变和人生剧变并不容易。

但也不是没有办法。你可以经历改变，亲历灾难而安然度过。你可以一点事都没有。我知道这听起来不太可能，但这的确是真的。

刚开始，我想告诉你的只有这些。我只是想给你一个继续读下去的理由。但我并不是说，你只需这本书就够了。你知道我指的是什么意思。

好了。此刻，想到这些就足矣。若你打算读下去，请继续，但你也可以停下来。我是说，放下书，就此停住，休息一下也不错。

就像我刚才说的，我在书中设计了很多可以停下稍事休息之处。在很多地方，你可以和我们讨论的观念一起小休片刻。你会发现，这些地方除了位于每章的章尾，还有的位于每章的中间。

我讨厌有人持有以下想法：若你不读完一章，那要么说明你想打退堂鼓，要么说明你笨到了连一章也读不完，何谈将整本书都读完呢……

但若你能将一章一气读完，我真的很开心。这说明，你从这本书中感到了冲击力，并且打算停下来思考。棒极了。

所以，若你读到此处想停下来，那就思考一下我刚才所说的："你可以经历改变，做到身处灾难中而安然无恙。**你可以做到一点事也没有。**"

打算一气读完的想法真的很棒。你可以回头再细细品味，任何时候均可。你也可以将该书束之高阁。一切由你决定。

这是今天你遇到的第二件好事：你要重新自己做主。

是的。不管你是不是继续读下去，这都是小事一桩。不过，改变就是这样开始的，重建亦然。

小休一下

将你刚才读到的内容消化一下，然后再决定自己是不是接着读，或者休憩片刻再读……或者就此打住。

若你已准备好读下去，那么，我们就继续。

你我在这儿干什么？

若你手中握着这本书，我想，你的生活中有什么正在改变，或者已经改变，而这对你来说事关重大，它甚至可能会对你的安全产生威胁。而你或许正开始面对由此引发的感情，或者，你已面对这些感情相当长的一段时间了，然而，却毫无办法。

或许，这就是这本书吸引你的原因；或许，这本书是你替你的一个朋友、客户、亲人或熟人而买的。不管是哪种情况，请尽快将它读完，立刻将它交给对方！

那么，既然我们知道你在这里的原因，那么就让我告诉你，我在这里要做的是什么。

我在这里，是因为我已到过你所在之处，而我想要帮助你。

我在这里，是由于我曾由发生在我身上的事而获益，而我想让你也从中获益。

我在这里，也是由于我发现世界上正在发生一些奇怪的事情，你也同样会看到它们，而且我看到，一切都在飞速地改变，快到我们都无法跟上了。

我在这里，是由于我知道，除非我们在个人层面和集体层面上找到这种飞速改变的应对方法，不然我们就无法占据有利位置。

因此，我在这里向你发出邀请，这个邀请由九部分组成，它可以永远转变你对改变的体验。

我在这里，是想看看，我能不能让你转变对“改变”的看法。

好了，这就是我在这里的原因。

现在，让我们来谈一谈我们在这里，可以一起做什么。

刚才，我正与妻子埃姆聊到这一点，而她的话让我印象相当深刻。她说：

“我并不把这本书当作一本书，而是当作一种承诺。我认为，**一个人若将此书拿起，就意味着他承诺自己去敞开胸怀，接受一种全新的方式去面对人生的每一刻。**

“这就如选择学习一种武术一样，这意味着你知道自己的生活方式将因它而改变。或者，就如选择学习一门外语一样，直至你熟练到某天能脱口而出。这是可以将你的生命根基改变的毕生追求。

“我们生活在一个注重即时满足的社会，一切必须要在15分钟内送到。但是人生不是速食麦片，有一些极其根本且重要的内容需要我们用非常长时间去理解，下大功夫，而这些无法在某本速成手册里列明。

“这是你由内而外的一次转变，这样你就可以再次应对生活中的方方面面；再次拥有真正活着的感觉——这是从4岁后，我们有些人早已遗忘的感觉，甚至有可能永远遗忘了。

“这本书的封面上写着：**当一切改变时，改变一切**。所以，我希望人们会坐下来，拿起它，关掉手机，至少每次读30分钟，并将书中的观念真正实践。”

我对她说：我自己都不能像她讲得这样精彩。

她笑着说：“嗯，亲爱的，相比你如何体验生活，别的都不重要，此外还会有什么呢？”

然后，她将她的黑发捋了一下，这是她的一个让我心动的动作。我看到，她的表情变得非常温柔。

“对你而言，没有什么比你如何体验你自己更神圣的了，你就是生命的表达。**除此之外，还有什么呢**？”

我又一次对她的话表示赞同。

所以，我现在请你回顾一下，对于生命，你一直以来是怎样体验和表达的。然后，问自己一个问题——这个问题经菲尔博士之手，成为一个人尽皆知的问题：“对你来说，这究竟是否有用？”

如果它对你没用，那么你及时地把自己带到这条信息面前，可能是由于你的灵魂把你引领到了这本书的面前。这样用埃姆的话来说就是，你就可以重新应对生活的各个方面。

你知道吗？我想实际情形就是这样……

现在，我接下来要做的，就是让你在个人层面上，运用一种或许不同于你在其他书中读到的方式，来重新看待改变。我不是想对你指手画脚，只是想和你交谈。

现在，我正看着在我面前的你，我看到，我和你像老朋友一样轻声交谈，聊天，听你讲述最近发生在自己身上的事情，我感同身受，并将一些温柔的建议提供给你。

我知道，我知道……这仅仅是一本书，但是若你愿意，它可以不限于是一本书。

正因为你此刻经历的很多事情，我已经历过，因此，我想我们不仅可以一起做大多数书都做得到的事——带给你信息，还能够做一些很少有几本书可以做得到的事：创造一种真实的、活生生的、当下的体验。

所以，我邀请你和我一起清除存在于你我二人之间的时空阻隔。这就是这件事了不起之处。我们可以做到，甚至都不用我还活着。当然，你必须活着。我的意思是，若你死了，你就不能正在读这本书。但即使在我死了很多年后，有可能你正在读这本书……但是经由人类共通的经验，我们在最本质的层面上仍然可以联接。

你觉得，这是不是很不错？我在这里写这本书，而你在某处阅读这本书。我们虽会被时空阻隔，但是我们的心灵可以面对面。

所以，当你在读本书时，不管我是死是活，我都希望与你一起在这里共同创造**一种能够改变你人生的互动体验**。

我可以凭我的经验告诉你，此刻最重要的是，不要让自己孤单一人。我曾经孤独过，我永远也不希望你也孤独。因此，我想通过这本书来陪伴你。它就是我们的谈话。

别伪装，渴望并不曾
种在你心中，
它摇晃着，如同一个钟摆。
而你已迷失了，
好像你的心被一个窃贼
盗取到黑暗中。
亲爱的朋友，缺少你，生命已厌倦
继续向前。
就如同一只丧子的
母亲之手。
若你我有某些地方相同，
那就是，你必定恐惧过。
若你我在某些地方相同，
那你必定知道，
你是勇敢的。
这条船上还有空位：
坐到你的位置上。
将你的桨拿起，我们大家
我们大家
要将自己的心儿
送回家。

——《渴望》 埃姆·克莱尔

寻求帮助，还是孤军奋战

好了，让我们假设，我猜对了你读这本书的原因。若真是如此，你就会很高兴地知道，你的人生会因为一种改变之道而成为你想让它成为的样子。

事实上，方法有很多。通往山顶的路不只一条，我说话要小心，不要以一个自认为已拥有唯一正确答案的家伙的面目出现。

但是我确实有一个答案，而我知道这仅仅是一个答案，因为它对我有用（我在此前已将自己的经历告诉过你）。所以，我要在这里告诉你，有一种改变之道就是，实践下面的方法。

能改变一切的九大法则

现在，在接下来的对话中，我将会和你一起对这九大法则逐一加以讨论。这些改变会给你一种方法来应对灾难，应对现实中的巨变，应对马上要到来的“崩溃”。

我相信，若你选择将我在这里提出的九大改变法则加以实践，你就可以在自己的生活中创造更多的奇迹。我尤其相信，你会化恐惧为兴奋，化担忧为惊奇，化拒绝为接受，化失望为超脱，化愤恨为承诺，化成瘾为爱好，化需求为满足，化评判为观察，化悲伤为快乐，化思虑为临在，化反应为回应，化动荡为平安。

所有这一切似乎好得不像真的。不过，这的确是真的，而且它们能够发生，能够发生在你此时此刻的生活中。

现在，我听上去真的如一个喊着“加油！加油！你能行”的家伙。因此，让我再重复一遍：倘若没有工具，应对改变很难。不过，工具的确存在，这真是一个好消息。有一条路可以走出森林，在隧道的尽头的有一道亮光。你可以用怎样的速度走出困境，决定于你选择走哪条路以及与谁同行。

这让我回到我所说的第一大法则。让我再说一遍，我的个人经验表明，一路上能获得支持比孤军奋战要更好。这就是我会在这里陪伴你的原因，这就是我在这里与你谈话的原因。若你和我一起，你就会安然渡过难关。因此，你可以按自己所想的去休息，按你自己的步调去探索。不过，不管你如何做，一定要一路向前，不要停下来，不要让你的头脑滞留在黑暗之中。

小休一下

将你对刚才所读内容的感受整理一下，然后再决定，此刻你是否打算继续读下去，或是休息一下，稍后再读。

若你已做好了读下去的准备，那么，我们开始吧。

邀请你不再退缩

改变你应对改变的方式，这是我邀请你做出的第一个转变。

大多数人都畏缩于改变。他们不喜欢改变。因为改变意味着跨入一个陌生的领域；改变，代表着离开某物或某人，进入一个未知的天地。

对于一些人而言，改变，是`面对极大的不确定，甚至是一种对生存本身的威胁。而对于许多的人来说，改变，意味着要独自面对一切。

这些年来，当人们来找我时，都会伤心地将自己正在经历的改变告诉我，而他们最大的抱怨就是：他们必须独自面对改变。

作为一个心灵帮助者，我在这些年中接触过一万个以上的求助者，而在与这么多人的个别人交谈后，我可以告诉你，你会一遍又一遍地看到、听到相同的情形：孤独，情感上的孤独无助。

现在，让我回到给我写信的利娅女士这里。她慷慨地答应我可以在该书中引用她回信的内容。就如我之前提到的那样，利娅现在正在经历其人生中的情感危机。在写给我妻子的信中，她说了这件事。而我希望，你也能了解她的情形。

或许，我应该先解释下我妻子埃姆的身份，这样，你就会明白，利娅为何会写信给她。

埃姆是一个诗人，她将自己的文字当作其医药箱中的一帖药，她的诗歌将自己过去五年中经历的巨变全都反映出来。这其中有成功，也有失败，有挑战，也有突破。她发现，当她将自己的诗歌呈现给世界时，人们一次又一次地告诉她，在读过她的诗歌后，他们的感受是：“哦，天哪，我并不孤独。”他们认识到，她同样体验过他们所遭受的挫折，也同样听到过心中自我重建的召唤。

在给埃姆的信中，利娅写道：

“当时我感到毫无希望，非常失落，孤独极了。可是，我清楚，还有其他人和我一样，心中也充满了黯然与悲伤。当人们快乐的时候，他们欢聚一堂，分享喜悦。而当我们深陷痛苦时，我们就把自己与他人隔绝开来，在黑暗中，孤独感和被遗弃感是如此强烈。而知道我并不孤独，这对我有极大的帮助，或许，这对其他人也会有帮助。”

利娅的经历并不特殊。她的邮件是十五年来无数证据之一，它们向我证明：当我们经历外界的巨大改变时，当我们失去了对我们而言十分重要的事物时，我们一般的反应是自我隔绝。

当脚下的大地开始颤动时，我们会自我退缩。我就是这样做的，你呢？我再也不会这样做了，不过，从前我确实是这样做的。甚至在婚姻关系中，甚至在承诺的关系中，甚至在长期的生意伙伴关系中，人们常常会选择闭口不言，变得退缩且自我隔绝，甚至变得怨天尤人。

所以，我希望你会尽力确保自己并非孤身面对人生中的危机时刻。读这本书是一个极好的开始，实际上是一个非常了不起的开始，但这只是一个开始。

所以，让我们继续探索……

法则1：放下“独自面对”，获得支持远比孤军奋战对你更有益

这是一个简单的改变，不过它要求我们内在的某些东西公开化，而这正是大多数人难以习惯的。

我们这么多人之所以都倾向于自我隔绝，原因在于，当我们面临巨大的问题时，我们从来不愿意承认，自己并非十全十美或无所不能。顺便提一下，不知你是否注意到，你所面对的一切真正重大的问题，差不多都是由于有什么发生了改变。

我们从小就学会了不要用个人问题给他人“添麻烦”。而最后，我们得知，不管怎样几乎每一件事都是我们自己的错，所以，为什么要拿自己的问题去请别人帮助呢？有一点我们很清楚：自己铺的床，就一定要自己睡在上面。

上面的这种说教压根儿不具有任何价值。在这一点上，将我们抚养成人的父母们完全错了，错得相当离谱。实际上，“十全十美”和“无所不能”的需要，是另一种更大的需求的体现，那就是对认可的需要。

早在孩提时代，我们中的大多数人就学会了，若想获得父母

和长辈的认可，就需要做一个乖孩子。大人们告诉我们，圣诞老人会“写一张清单，并且反复核对，他清楚哪个孩子不乖，哪个孩子乖”。

在我们很小的时候，大人们就告诉我们，我们被一个上帝爱着，他在看着我们……不过，他同时也在审判我们“做错”的所有的事，若这张清单太长，或其中有特定的条目，我们就会被永远地打入地狱。

所以，我们将爱与恐惧放在“一只碗”中，将其搅合在一起。他人带着怎样的条件爱我们，我们也带着相同的条件爱自己——我们害怕失去爱。于是，我们极容易变得垂头丧气、一蹶不振。我们已变得精于此道，以至我们对他人也会来这一手。

这种自我责备、自我贬低、自我否定的行为当然发生在私下里，为的是避免他人因此而否定我们。因此，当我们面对困难和问题时，我们就将自己的感情隐藏起来，有时甚至将自己也隐藏起来，不想他人看到我们。

极具讽刺意味的是，这一时刻，恰好是爱我们的人想陪伴在我们身边的时刻。当你所爱的人受伤时，你是否愿意陪伴在他身边呢？你当然会选择这么做。实际上，这是你的本能反应。

因此，我们一定要对他人表示信任，他们也会这样做。他们想要对我们伸出援助之手，他们并不认为我们是其负担。恰恰相反，他们感觉受到了激励。

当我们知道自己帮助了他人，这会给我们带来价值，让我们的自我价值感急剧上升。人生会突然变得有意义了，或者，至少在那一刻，我们会有一种更高的目的感。

从这个角度来说，任何职业均只是一种帮助他人得到其想要的东西的方式。

歌手、舞者、画家、警察、医生、教师、水管工、演员、消防员、牧师、棒球手、摄影师、飞行员、餐厅服务员、董事会主席……所有的人都在做着帮助其他人得到他们想要的事物的工作！

这就是我们现在所做的一切，我们并没有做其他的事情。我们一直在忙碌着，想要帮助他人。

若我们自己在急需帮助时，明白了这点，那么，我们就会愿意接受他人的帮助，不管这种帮助是来自于自己所爱的人，还是专业人士。

那么，当我们需要他人的帮助，而且他人也正想帮助我们时，为什么要让别人帮助我们变得困难呢？

不要再提“不要给别人添麻烦”了好吗？不要再说“怕给别人增加负担了”……

那么，我请你此时做出一个承诺：去寻找一个人，告诉他

（她）你是怎样感受发生在自己生活中的改变的。若你愿意，就告诉他（她），你正在读这本书。甚至，你也可以邀请对方与你一起阅读它。

我不介意你所找的是什么人，不过，一定要去找一个人。或是一个亲戚，或是一个朋友，或是一个心理咨询师，或是一个拉比（译注：穆斯林权威），或是一个牧师或神父。这是由于，只要你与他人产生联系，你就与自己发生了联系。

我刚才所说的内容非常重要，我希望你高度重视。因此，请让我重复一遍。

我说的是，**当你和他人发生联系时，你就与自己发生了联系。**

与他人交谈，和自己头脑之外的另一个头脑交流，可以让你触及比你的头脑、思想更大的你。这是因为，与他人联系，能够把你从内在的对话中拉出来，开始外在的对话。

通过外在的对话，另外的一个人会给你带来新的能量，为你提供不同的视角。他能够用清醒的头脑帮你分析问题，却不会受到你评判标准的影响，他会把你看成你本来的样子。具有讽刺意味的是，许多时候，你必须得跳出你自己，之后，你才能找回你自己。许多时候，你必须不再盯着你自己，之后，你才能看清自己。

爱自己，你可以这样开始：
将自己的手，放在自己的唇上
然后
将自己柔软的脸颊，靠在自己的肩头
于是，
那种由漫漫梦境，与你人生劳作
的芬芳
会让你由内而外地散发芳香。
这是一个开始。
这是一个起点。
如今，你内心的渴望
终于显现。

——《爱自己》 埃姆·克莱尔

告别悲惨的过往

除了设法与他人交谈，另一个极好的办法就是，重新深入内心，和自己的灵魂为伴。我想，你近期一定没有这样做过。因为这是一件与你的灵魂而不是心智一起做的事。

当人们突然面对真正影响自己一生的改变时，一般的情况会是，他们将自己与灵魂的联系切断，埋头扎进自己的悲惨故事中。实际上，你的故事并不存在于你的灵魂中，只存在于你的心智中。

现在，你或许会认为，你会因为深入内心而变得清澈，也会转危为安。而实际上，我喜欢的格言是：**你若不进入内在，你就会一无所获**。然而，“进入内在”和“埋进自己的故事中”，却是两码事。

这是一个你告诉自己关于你的故事。它是这样开始的：“从前……”然后，它讲述发生在你身上的每一件事，它们是怎样发生的，为什么会发生。它是你的内在叙述，是你对自己为什么会成为今天的自己的简要结论。而这样的结论很少是根据你的真实情况得出，其中总会有你对自己的极为严厉的评判。

因为这些苛刻的评判，因此，你一旦埋头在自己的故事，就无法让自己变得清澈。我可以说，实际上，这从来不会给你带来清澈，因为你的故事并不是真的，它仅存在于你的心智之中。对你而言，它看着好像真实，然而，它并非真相。

另一方面，“进入内在”是一次自我走出心智，进入灵魂的旅程，而个人的故事在灵魂中是不存在的。

这会让你由一个全然不同的角度来看待正发生在自己身上的一切。你来到一个不同的空间，如此一来，你就能有个不同视角看。

可以有很多方法来这样做，而效果就是静静地和自己相处，但是是以一种不同的方式。

具讽刺意味的是，你已与自己静静地相处了。现在，你很可能会用相当多的时间去自我反省。然而，这应该是对“你真正是谁”的反思，而非站在哈哈镜面前照出自己稀奇古怪的样子。

同样，这是你和自己的灵魂静静相处，而非和自己的心智相处。

不要在自己的心智中反省！因为你会在那儿迷失自己，进而和最佳自我（我称之为真实身份）失去联系。

“埋头”于心智中的最大问题是，我们会面对自己的个人故事，还会将当下正在发生的事以及它们之所以会发生的原因加入到我们的故事中。这也是我们在这面哈哈镜中所反映出来的。

当我今天告诉利娅，我们都被我们的个人故事束缚着时，利娅告诉我：“对我而言，我的故事是和发生在我生活中的外在事件错综复杂交织在一起的：没收入，没家庭，三餐不继，找不到工作。这些外在环境在告诉我我是谁。我从这些外在事实中得出关于我的结论。”

的确是这样，我们每个人都是如此。当真正可怕的巨变发生在我们的生活中时，我们常常认为，这是我们的过错，是我们做了或没做什么而导致的。

我们觉得，这是我们自己的失败。在我们失败的时候，我们就会谴责自己，认为是由于自己的所作所为或失败令自己陷入此种境地。在此点上，我们对自己绝对无情。

或者，若我们不自责，我们就会自我怀疑，埋头于个人的心智中，想弄清楚，这一切究竟是因何而起。

我在写给利娅的回信中，我提到了这本书，她的回答是："我想知道的是，我们会这样做的原因，这些事情会发生的原因，我会无家可归的原因，我找不到工作的原因。是因为我即我吗？是由于我做或没做什么吗？

"对于我个人而言，这会有助于了解，作为人类，为什么我们需要知道事情会发生在我们身上的原因，理解发生在我们身上的事情的意义，这必定是某种最根本的需要吧？

"或者，我需要更好地了解，怎样把它和我当下的外在处境（没有钱和没有"快刀斩烂麻"的解决办法）分开。因为它们此时非常真实。"

无论如何，不论我们是责怪自己就是造成可怕改变的罪魁祸，还是责怪自己不清楚其究竟为何产生，我们都无法想象，别人怎么可能爱我们（我们认为，他们必定只是说说罢了），原因是我们自己都无法想象怎么爱自己，我们迷失于个人心智中。

当我们在被自己夸大了的故事中徘徊时，实际上，就丧失了真实的自我，最佳的自我。如此一来，我们就会认为：这世上再没有比自己更糟糕的人了，再没有比这种失败更大的失败了，再没有比自己更无力、更不靠谱、更惹人厌、更一文不值的人了。

滑稽的是，我们知道自己就在如此做。也可以感到，自己正陷入“自责，接着又谴责自己这样做。这样一来，我们会因此而进一步远离真正的自我。

若一个很熟悉我们的人问：“你究竟怎么了？”

我们会给出这样的回答：“噢，没事儿。我只是今天太不像自己。”

这样的回答，是最接近真相的。

而且，就像我此前说过的，我们都知道这一点。

在内心深处我们知道，这并非真正的自己，不过，我们并不清楚怎样变回原来的自己，我们感到无能为力。

所以，我们向自己的心智求援，再次回到内在的对话，我们继续告诉自己此刻发生的事。

唯一的问题是，**我们无法与自我（真实的自我，最佳的自我）产生联系，我们被自己的故事挡住了**。我们开始觉得，我们就是这个故事，它就是我们的真相，其余的一切都是一场戏。

现在，对我们而言，存在一出戏，存在一个故事。我们使自己确信，任何好事都是我们正在“上演”的这出戏的一部分，而坏事，才是真实的，这才是我们的真实故事。

这听上去是否特别熟悉？我就是这样觉得的。现在，偶尔我也会这么干——直到我使自己从中脱身为止。这本书谈的就是我怎样做到这一点的。

所以，若你“今天感觉并非你自己”，那么，我就建议你接受第一个建议：转变你“独自面对”的决定，去和他人保持联结。

这个改变，今天就能做到。

不是明天。

就在今天。

下定决心和自己的灵魂相连，然后马上行动起来。找一个对你的故事并不认同的人，一个很了解你的人，他或她不把你看作是你所认为的你，而是将你看作真实的你。

和这个人谈话，你将会发现，只是这一个改变，就已大大改变了你如何体验正在发生的一切。

倘若此时你无法找到一个带给你这种外在对话的机会的人，那么，我真的对你感到惊讶。于是，我会将这本书变成一本双向的书，我邀请你与我对话，与已读过此书的人对话，虽然你还在阅读中。

我的意思是，现在，你就可以将书放下，去找一个人，一个知道你正在经历何事的人，一个始终在你身边的人。这是不是一个很棒的主意？不是吗？这甚至可以称之为一种革命性的阅读方式。

联系。联系。联系。

若你什么事也没有做……若你压根儿什么也没有做……那就接着阅读这本书。在此处，你是在和我产生联系，我是在和你产生联系。

这就好。

因此，你愿意继续下去吗？

活在当下，是美丽的。
人流挤满了回家的路途——
我们，到处都是。
然而，当我们独行时，我们便是在同臣服对抗。
因此，当你下一次摔倒时
请瞅一瞅
你的两旁
将你亲爱的兄弟或姐妹
伸向你的救命稻草抓牢，
他们自己的脸上也满是泥土。
我们可以共同爬起，
就算我们独自摔倒——
是的，活着是美丽的
就算
在这漫漫归途上。

——《一起爬起来》 埃姆·克莱尔

别怕，所有的改变都会伴随恐惧、焦虑

稍等一下。我要提醒你一件事。

有些话我会不止说一遍。

当我们在谈话的时候，请不要在心中大发牢骚：“这话他不是在前面已说过了吗？”我极可能的确在前面已说过了。

广告商们宣称，人们一般会在听到一条信息五六遍后，才会将这条信息的所有内容吸收。我不清楚其中的真假，不过我的确知道，我自己极少能在第一次听到一条信息时，就将它全部的内容彻底搞清楚，更别提其细微之处和实际影响了。

因此，我仅仅想告诉你，我在书中会将一些话说上许多遍，或许是三遍。上帝啊，甚至可以达到四遍。

我会尽力将自己的重复变得有意思……不过，我希望你有耐心些，稍稍容忍我一下。本书是以一种循环的而非直线的方式写就的，这是它的写作风格。这是由于，我想确定，我的确已尽可能清楚地表达了自己想和大家分享的东西，一些重复会让我感到放心。可以吗？

现在……就像我在之前说过的，我不清楚你的生活中发生了怎样的改变，不过，我的确清楚，改变具有破坏性。我敢肯定这一点。原因是任何改变都具有破坏性。就算是好的改变。

因此，若你的情形的确十分糟糕，也不要过于沮丧，这很正常。

事实上，改变往往不仅带来破坏，还会引发很多的情感。你将怎样对待改变？是将其视为一段动荡不安的岁月，还是将其视为一段富有创造性的岁月，这由你是在体验什么样的情感来决定。

差不多所有改变都会诱发恐惧。你知道这一点吗？我是说，不只是“坏”的改变，也包括好的改变。

你决定结婚——你立刻就会陷入恐慌。假如爱情不能持久，那该怎么办？假如选错了对象，那该怎么办？

你换了一份更好的工作——你立刻就会诚惶诚恐。假如自己无法胜任，那该怎么办？假如自己不能兑现求职时的承诺，，那该怎么办？

你将客厅里的家具重新布置了一番——你立刻变得心神不宁。假如自己的另一半回家后不喜欢，那该怎么办？或许你应该让其恢复原位，先和对方商量一下……

有些人甚至改变一下发型都会忧虑不安，假如新发型令自己看起来很傻，那该怎么办？我会不会失去本来就不多的自信心？

这可真是癫狂，不过，我们正是这样想的、这样做的。不论你或者我，都是这样做的。我们所有人都会做这种事。因为不变让我们感到心安，即使它正扼杀我们，即使它让我们厌烦至极。

不过，有人这样说：**生命在舒适结束的地方开始**。记住这一点相当重要。

所以，假如你此时感到不安，那么你就可以知道，你生活中发生的改变并非结束，而是一个新的开始。

好吧，它是一个结束。别拿自己开玩笑。某些重要的事已结束，某些有意义的事已停止。原本在你生活中的事物如今销声匿迹，蒸发了。或许那是一个人，或许那是一个梦想。

或许，那是你的安全感的终结。或许，我们在这里谈论的改变，要比失去男友或换工作更加严重。或许，此刻发生在你生活中的事远比这些都可怕。

好了，因此，它是什么，我们就将之称为什么。我们无须在此掩耳盗铃。你清楚自己的生活中正在发生着什么，因此，让我们就事论事。

不过，现在我想说的是……

不管刚刚结束的是什么，这都是一个开始。

请记住，你在这里听到的，是一个在街头流浪了一年的家伙说的。你正在与一个曾经失去了一切的人交谈——这个人失去了工作、妻子、家庭以及其一度拥有的任何财产，甚至连汽车也被偷了。

就在俄勒冈州波特兰市的大街上，在半夜三更，他无处安身。他暂时寄身在一个朋友的公寓里，直到他将自己重新安置下来……就在那天早晨，当他走出门外时，他发现，自己那辆又破又旧的雪佛兰汽车不见了——它不胫而走了。

而他最后剩下的个人财产，全在那辆汽车里。

现在，他一贫如洗，除了他拿进公寓里的东西——剃须刀、身上穿的衣服之外，他再没有其他任何家当了。

这个人，就是如今的我。因此，我清楚什么是结束。

我如今清楚了，我原本以为这就是世界末日，结果，它却成了我做梦也想不到的新生的开始。

因此，我认为，我至少有资格将这样一颗种子播种在你的心田里。或许，此刻谈论新起点还有点儿早，或许，当下你的处境甚至连这一点都不允许，但至少，将一颗种子播下是可能的。

一句话，我们都听过无数遍了，倘若再说就成了陈词滥调，但是……不管怎样，我还是要说——

“当上帝将一扇门关上的同时，会为你打开另一扇门。”

我不在意你失去了什么，你的工作、房子、配偶、信用卡、梦想、希望，甚至健康……我不在意你失去了什么，不管发生了怎样的巨变，你都可以重新开始自己的人生，并登上新的高峰。

我向你保证。关于这一点，我在自己的生活中已被多次证明是真的。我不会再为事物的改变而烦恼，我只是看着接下来要发生的事情。我好奇于接下来会有哪些不同的事发生。我再也不会因改变而感到害怕。

我甚至都不再因可怕的事情而恐惧。就如同在2008年秋季的金融危机期间，我的全部退休金账户几乎分文不剩。人们惊恐得手足无措，大喊着：“哦，天哪！哦，天哪！”

而我当时唯一的想法是：“来得容易，去得也容易。太好了。

生命还会继续。我一度流浪街头。现在，最差也不过是再一次流浪街头。”

我必须承认，当你在大街上流落了一年之后，你就会改变自己的观念。不过，假如一个人想让自己变得睿智而去经历这种极端的经验，那实在没必要。这种智慧始终存在着，存在于我们每个人的潜意识中。

我们都知道自己需要知道的——而且，我们都清楚自己知道这一点。有些人仅仅是不相信。之所以不相信，是因为这“好得都不像是真的”。

我将自己的“信念”变成了“明白”。我活了这一把年纪，已经知道，我所担心的大部分事情从不曾发生过，我觉得坏透了的大部分事情最终都会变得更好，我希望保持不变的许多情形都无法保持不变，因为改变就是生命过程的本身。

我在前面说过这一点，请让我重申一遍，**生命就是改变，当没有任何改变时，就没有生命存在，就没有活着运动的一切。**

这包括所有万物，就算是一块石头也在动。

当你用显微镜观察一块石头，你会看到其内部的分子结构，你会发现里面有一个小宇宙，它将一个有趣的特点展现了出来：一切都在运动。

生命即运动，运动即改变。每当一个亚分子粒子穿越时空时，就会有什么发生改变。所以，改变是不可避免的，改变就是生命的本质。

人生的诀窍就在于，要创造改变，而不要妄图逃避改变。这样，它就会是一种你选择的改变。不过现在，你正身处一个并非由自己一手策划的人生巨变之中（总之不是你有意创造的），而且，你正在面对因这种改变而产生的感情，包括：某种程度的恐惧、悲伤，甚至愤怒。天哪，也许有非常多的愤怒。

我确信，你至少要面对这三种情感中的一种。因此，让我们来探讨一下。先来看看恐惧。

你想稍憩片刻吗？好吧，假如你想找机会放一放书，现在就是一个好机会。

小休一下

思考一下你刚才所读的内容，然后再决定你是不是打算接着读下去，还是休息片刻，然后再继续。

如果你准备好了，那么，我们继续。

明白这一点：你是绝对正常的

很棒。这里有一个照顾你自己的办法。看一看你自己正在做什么，稍停一下，仅仅是看着自己在做什么，然后决定你接下来要做什么。这是一个极其神奇的照顾你自己的办法。你方才已经做到了，这特别好。这是一个特别好的习惯。

好了，现在我们就来说说恐惧。

恐惧无处不在，这一点不难理解。这是由于我们害怕未知。虽然不是所有改变都会把我们抛向未知之路，但大多数是这样的。大部分人所面临的恐惧，其实是对未知的恐惧。

我们会因某些改变而到达一个未曾经历的地方，而这正是我们所忧虑的。是的，大多数改变是无法预知的，大多数改变会将我们留在一个未知的空间里，如此一来，我们所能做的就是一边前行，一边担忧。

有时，我们会因为改变而害怕自己永远无法到达想去的地方。我们害怕自己的希望和梦想被夺去，属于我们的机会被夺走，我们的灵魂会被扼杀，我们存在的目的和理由会被剥夺。

一切都是正常的。你会产生这些感受，是绝对能够理解的。毕竟，生活中发生过此类事情，而且损害到来时总会伴随着什么事情发生了改变。

所以，**某种程度的恐惧总会随着你生活中的每一个改变而来，无论是变得更好或是更糟**，明白这一点是有好处的。一旦明白了此点，你就不会害怕改变本身。

假如你开始变得害怕改变，你就可能最终因恐惧而逃避生活中的一切改变，甚至是明显对你有益的改变。

你不可能只凭自己不做出改变就阻止改变的发生。你所做的仅仅是阻止改变以你希望的样子发生。

情形总是这样，
不管我营造了怎样的安乐窝，
你总是将其打破。
从来不明白
你打算由我这里获得什么；
而我相信自己听到的：
生命本该是
我们绽放的喜悦。
上帝啊
有时，我瑟缩角落里，
好像一只动物
不懂得雷声；
不懂得闪电。
不懂得，觉悟。

——《畏惧》 埃姆·克莱尔

动荡的世界，一切都在改变

了解你所生活的这个世界正发生的事情，对你来说不无裨益。你会因此而更少地感到自己被世界“招惹”，因此，也会更少地感到自己被孤立。

对大多数人而言，此时此刻，太多的事物正在发生改变。

世界经济正在发生着急剧的转变，整个人类都在重新调适自己生活的方方方面。世界政治格局也在发生着改变，我们面临着在此之前从不曾想到过的情势。

我们对生命的根本认识，也因医学和科技的惊人发现而发生着改变。就很多人而言，现今的年轻人对于爱情和婚姻的全新观念，已超过其能容忍的限度。而且，今天我们的生活被很多的人处理冲突的方式笼罩上了一层恐怖的阴影。

就个人层面而言，许多人面临失业、储蓄减少，甚至失去自己的家。随着人口老龄化问题越来越严重，有更多的人会面临亲人辞世。婚姻和伴侣关系的变动日益频繁，可以相携白首的夫妇和从前任何时候相比都要少。

正是这两种情况的变化，导致我们失去自己所爱的人的速度也在疯狂地加快。养育下一代以及教育方式的转变是那么大，大到对家庭成员之间的关系都造成了影响，而这是我们从前连做梦也不曾想到过的。

所有这一切，均为正在全球范围内进行的一个更大进程的一部分，整个人类社会正处于重塑自我的阵痛之中，而我们大多数人也是如此。然而，我们大多缺乏蓝图和规划，没有工具。而这就是为什么我要在此与你分享这些可能对你极有帮助的信息。

我说这些，并不是想让你变得更沮丧，**而是想让你清楚，改变并不仅仅发生在你身上**。好消息是，至少就个人层面而言，有一种方法可以让你将这驾失控马车的缰绳勒住。有一种方法可以将你对改变的反应加以控制和转化，并由此对改变本身加以控制、引导和创造。

截至目前，我就如同是在布置一座舞台——我想让你拥有一个真正丰富多彩的背景，它能包容我们即将讨论的所有内容。

我们正处于一个飞跃的时代，这也是人类学家、社会学家琼·休斯敦在其异常精彩的同名书中对这个时代所作的描述。

琼·休斯敦说，飞跃的时代是生命永恒周期中的一刹那，在这一刹那，我们突然间转化人类经验的各个方面。这和人类在三百年的文艺复兴时期（永恒时钟的一刹那）所做的一切尤其相似，在艺术、政治、文化、政府、教育、宗教、性经验、伴侣关系、怎样做父母、怎样吃喝、谈话等各个方面，天啊，所有的一切都发生了天翻地覆的变化，真的没有任何东西可以保持原貌。

发生在我们这个时代的“新文艺复兴运动”具有着惊人的特征，那就是，它并非发生在三百多年之内，而是发生在三十年之内。没错，我说的是三十年。这都归功于全球文化交流在宽度、广度、深度、速度上成倍的增长。

我们已生活在一个所谓的全知时代（the Time of Instaparency），任何事情都可以在一瞬间变得人尽皆知，绝对透明。这一系列的改变的发生，正是由于这种时刻对世界各地正在发生的一切了如指掌，这就如同多米诺骨牌效应一样，影响会波及一切地方。

人类将无法应对此种情况，你也将无法应对此种情况——若你弄不清楚一切问题的根源。这就是我们在此要做的事情，我们要将这个秘密揭开。

我们需要先讨论，发生在你生活中的改变会如此痛苦的原因。然后，我会将一个惊人的真相告诉你，于是，改变就不再那么痛苦了，甚至是灾难性的改变，像失去一切，像流浪街头。除非你有了我们在这里打下的基础，不然，这个秘密就会显得肤浅、空洞。

那么，若你想略加休息，若你认为自己周围的改变的速度令你无法呼吸，那么，就让我们在这里休息一会儿。

放松一会儿

身处此时此地。思考一下我们刚才谈论的内容，什么事也不要做，仅仅静静地和它们在一起，将它们吸进体内，并对这一刻充满感恩。

当你准备好后，我们继续。

事件与现实，它们究竟意味着什么？

瞧，我知道，我为自己布置了一个重大任务。我希望可以让你相信，生活中的许多改变并不一定是痛苦的。我也十分清楚，迄今为止，你的生活已告诉你：改变是痛苦的。可是，结束痛苦的关键，就是知道导致痛苦的原因，受到伤害的原因。关键是要知道，你为什么会产生那样感受。

而答案就是……

你的痛苦并非来自改变本身，并非来自失恋、失业、突然无法支付的账单等发生在你外部世界中的事情，而是你怎样去想它。

正是你的想法让你感到悲伤，正是你的想法让你感到愤怒。它从来不是一个外在的事件，它一直是一个内在的过程。**一件事和你关于这件事的现实并非一回事。**

哦，又来了。这一点相当重要，有必要再次加以重复。

一件事和你关于这件事的现实并非一回事。

一件事是一回事，你关于它的现实却是另一回事。

一件事，是由外在于你的情形和活动所造成的，而现实，是由你的内在，你的认知活动所创造的。正是在这里，事件转变成资料，资料转变为真相，真相转变为思想，思想转变为情感，情感转变为经验，经验形成了你的现实。

现在，若我们可以将其中之一改变……

我们是光的孩子，
深受光之恩宠。
羽翼的存在是为了飞翔。
我们是那么雅致，心中
怀着美与善。
我们均为静谧构成，
整个宇宙
都可以听到我们的声音。
始终在发生的
只有展开，绽放。
余者均为思想——
心智的棒棒糖。
我们是光的孩子
作为人类
列队游行。

——《光之子》 埃姆·克莱尔

谁主宰着你的情感

在这个我们称之为生活的物质世界中，你的现实由六样东西所创造。我刚才已提到了它们，我再重复一遍，它们是：事件、资料、真相、思想、情感、经验。

若这六个要素中任何一个发生改变，你的现实就会发生改变。这意味着，假如你想转化对现在生活中改变的体验，就必须将这些要素之一加以改变。

法则2：重新选择体验情感的方法

我想告诉你的是，你可以对体验情感的方式进行选择，并由此转化你对改变本身的体验。我无法用本章的内容，就告诉你如何做到这一点，因为它包括的内容很多，不仅仅是我在此处用几行文字所表达的。而且，这和第三、第四大法则之间存在着内在联系。因此，我真的必须将这三者放在一起考虑。

不过现在，我只想说，你可以改变自己对任何事物的情感，例如，现在发生在你生活中的改变、你本人，以及这本书。

或许此刻，你认为这是不可能的。你甚至或许认为，我这样说真的有点自以为是或自高自大。我也知道，你曾从“自助”类书籍、演讲中听到过这一套，因此，你或许会想，倘若真的如此简单，何以普通人无法做到呢？这就像是晃动在你眼前的一根金条，你清楚它与你相距如此之近，但你却够不到，这不是太残忍了吗？

没错，假如情形就是这样，那的确相当残忍。不过，我绝不会那样做。我永远不会在你面前放置任何东西，而让你就是够不着。因为我不想让你发疯，而是想让你快乐。因此，就算你听过这种说法，但这一次，我希望你真的好好地思考一下。

真的，我是说，请你闭上眼睛，想想这一点。因为我刚才所说的是任何人会对你说的话中最重要（具有革命性的）话之一。即使你之前听说过，但是你可能并没有深入思考过它有可能是真的。

所以，现在你愿意好好想想吗？

我的意思是说，是否存在着你还没有彻底理解的情况……而一切会因为这种理解而发生改变?

此刻，我请你放下手中的书，只停一会儿，只是暂停一会儿。让你有时间决定你想如何来感受这一点。

你感受到了这里的讽刺意味了吗?我要你选择你希望如何感受这个“你能够选择自己的感受”的观念。

因此，请试 试。合上书，想 想。问自己问题。若我认为我当真可以主宰自己的情感，而非受其摆布，那么，我的生活将会怎样?当我有了一种情感之后，我是不是有可能去改变它?不是对其视而不见或置之不理，而是极其真切地改变**自己正在体验的情感**?

我可以做到吗?我可以自由地改变它吗?

请思考此问题，若答案是肯定的，那么，这将意味着什么?

放松一会儿

思考你刚才所读的内容，然后……现在做出决定，你是想接着往下读，还是想休息一会儿，等一会儿再读……或者，就到此为止。

要是你已准备好，那么我们就继续。

情感的引发者

好吧，我们来谈一谈情感。此时，你正在体验情感。你现在想做的就是尽力应对正发生于你生活中的改变，应对正在发生的可怕灾难，而我却在这里喋喋不休地谈什么心理学，引发情感的原因及改变情感的方法。

然而，你知道吗？若我认为这对你一点儿用也没有，我可不敢这么做，甚至压根儿不会提。此时此刻，不管发生了什么，即使你失业了，你无家可归，你觉得自己正面临着失去一切的危险境地。

就像我在前面说的，我想我对你正经历的一切略知一二。我自己曾经历过这一切，我花了数年的时间才弄清楚我现在要告诉你的。但在当时，我就是不清楚这一点，我想不通，不过最后我想通了。

因此，现在，请让我略微回顾一下刚才提到的有关情感的观点，以示强调。我向你保证，你将会明白这一切是怎样联系在一起的，是怎样直接和你相关的，以及这种观点是怎样真正改变你现在的生活。

这就是我们进行这场谈话的意义。不然，我就只是在空口说瞎话，不是吗？

因此……让我们回到刚才。让我们来看看恐惧（我选恐惧，是因为它极其强大）这种特殊的情感，看看我们可以怎样来改变恐惧。

作为你的一种情感，恐惧是由你的一个想法引起的，这种情感又将会导致你对自己生活中的某一件事的体验。大部分人以为，所发生的事诱发了恐惧。

换言之，大部分人认为是以下顺序：事件=经验。

这是错误的，之所以说它错误，是因为同一事件引发的情感并不同。比如，同样的一件事发生在不同的人身上，并不一定都会引发恐惧。

一个人会对一只咆哮的狮子产生恐惧之感，而另一个人并不会恐惧（例如驯兽师）；一个人会对站在高处产生恐惧之感，而另一个人却不会（例如走钢丝的杂技演员）；一个人会对公开演讲产生恐惧之感（调查表明，对相当多的人来说，演讲是其令人害怕的事），而对另一个人来说，这压根儿就不是大事儿（例如演说家或表演者）。

因此，我们能够说，在面对相同的外在事件时，两个人不一定会产生相同的体验（恐惧），是这样吗？老天啊，甚至同一个人面对同一件事时，每次产生的经验也不同。

那么，恐惧产生的原因究竟是什么呢？倘若并非怒吼的狮子、高楼、等待听你演讲的观众，那又是什么呢？

这是你内心的东西，你的想法、你的记忆、你的投射、你的观念、你的担忧、你的理解、你的愿望、你的条件反射，等等，而所有这一切，都可以归入一个极大的类别中。

你的想法，是的，并不是别的什么，正是你的想法引起了你的恐惧，正是你的想法引发了你的所有情感。

现在，我在这里提出的观点不但是革命性的，而且是富有争议的。因为正规的脑科学认为，情况恰好相反。

神经科学家告诉我们，情感是头脑边缘系统的产物，它比思想早一步产生，而思想则是在头脑的更高区域产生的，它会对我们的情感进行分析。

我的意思是，我称之为真相的东西（头脑对某样事物的总体概念）产生于头脑边缘系统，于是一个想法由此产生，而一种情感又由这个想法引发。

每次你将任何一种情感表现出来时，你都可以这样说："现在，由我们的发起人发言！"就如同电视上的提案发起人一样，于是，思想会博得满堂喝彩。

情感是由思想引发的这一事实，是你所能听到的最大的好消息。

反之，若我们接受科学家的观点，那么，我们实际上就认同了以下观点：我们与生俱来都带有某种残疾——完全没有能力来客观地决定自己感受哪种情感。因此，我们就要承认，我们被自己的情感反应控制着。

而若我们想体验不同的情感，就必须用我们的想法克服它。

我的论点是，这并非一个克服情感以便让它们成为我们想要的情感的问题，而是从最初开始，就是以我们所希望的方式产生情感的问题。

就医学而言，这种观念或许是一种新观念，但就灵性论而言，它一点儿都不新鲜。灵性论认为，我们远不止是一台生化机器，心智也并不等同于头脑。相比于头脑，心智更加复杂、先进，而相比于心智，灵魂更大更复杂！

现在，当你正在面对自己生活中发生的一切改变，这是一个你所能听到的最好的消息。为什么？因为你会从它那里获得一样你从未想过自己会拥有的工具。因为它推翻了正规的医学模式，让思想处于情感之前，而非情感之后，这意味着我们自己可以掌控一切，因为我们可以改变思想。

刚才，我们谈到了改变你的情感。我说过，改变情感就是应对改变的九大法则之一。现在，我要告诉你改变情感的方法。

那就是改变你的想法。

能够找到爱的唯一所在
就在心里，
充满喜悦的心智
将心儿吸引，
就如同将飞蛾引来
向一团不同以往的火焰扑去。

它不会烧伤任何东西——
不会夺去你的羽翼。
好像上帝把天堂延伸一样
将一切容纳，因为
我们
能够

——《满怀喜悦的心智》 埃姆·克莱尔

改变错误的思维方式

你或许无法改变正在发生改变的事情，不过，你可以改变你对它们的想法。这不但是可能的，而且是可以改变一切的九大法则之一。

法则3:从观念的陷阱跳出

思想，是你形成的一个观念。发生在你生活中的改变，是由你对它们的想法形成的，而非你个人形成的。思想常常和终极的现实、显现的现实无关，却常常和扭曲的现实有关。实际上，它常常制造了扭曲的现实。

哦，这一点相当重要。我想，我们不应对其一带而过。让我们来更仔细地看一下我刚才所说的……

“思想是你形成的一个观念。**思想常常和终极的现实、显现的现实无关，却常常和扭曲的现实有关。实际上，它常常制造了扭曲的现实。”**

不知你是否注意到，我刚才将一个全新的观念提了出来？我刚才提到了三种不同的“现实”：

终极的现实

显现的现实

扭曲的现实

我将这三者称为三重现实，也就是“现实”的三个版本，它们同时存在于你身上。

终极的现实——正在发生的事的“原本如是”，它之所以会发生的“原本如是”，以及你是谁的“原本如是”。

显现的现实——如今你所看见的现实。

扭曲的现实——你想象中正在发生的现实。

无论何时，你体验的是其中哪一种现实，这完全由你个人决定。这由你在形成一个想法前，心智在想什么决定的。

揭开面纱甜如蜜
或许再无其他
比这更美妙的了。
滑行，你称它为
“漫步”。
你的恐惧
如同内衣一样轻轻滑落。

赤裸的孩子——
你真正的自己
把所有目的
都向着光明
向着一直在此闪耀光芒的
你

——《揭开面纱是甜蜜的》 埃姆 · 克莱尔

有三种真相，你选择哪一种

现在，我们进展特别快，我不想让你认为，我打算将这些改变一口气儿讲完。实际上，我要说的话还有很多。

现在，我之所以仅对第二、三、四法则进行介绍，就是想让你弄清楚，我们这场对话要往何处去。因为要走的路还很长，所以，我想让你先熟悉一下地形。

没错，正如我之前所说，这三大改变之间是相互关联的，它们应该被放在一起考虑。所以，这里进行的讨论是自然流动的，就如同友人之间的聊天一般，无须严格按照一份提纲，遵循着严谨的结构进行论述，而应如同进行一场演讲一样轻松自如。

在这个过程中，我相信，你会明白这三个法则是紧密关联的。

法则4：远离想象中的真相

我在前面说过，外在的情况和活动，造成了你生活中的事件，而造成现实的，是你内在的认知活动。我接着说，资料是由事件转变而来的，真相是由资料转变而来的，思想是由真相转变而来的，情感是由思想转变而来的，经验是由情感转变而来的，经验形成了你的现实，即你对事情的看法。

现在，我将这些要素之间用直线串联起来，用加号和等号把它们连接起来，这样，你就会有一个直观的印象。这样我们就能清晰地看出你眼中关于事件的现实是怎样创造出来的。

根据我的观察，这一过程是这样进行的：

事件+资料+真相+思想+情感=经验=现实

我把这条线称为因果线。关于这个等式，我会再一次讨论，这就是心智一路创造你眼中的现实的过程。

你会发现，在这条因果线中，情感早于经验产生，然后造成了经验。同样，思想早于情感产生，然后产生情感。真相早于思想产生，然后产生思想。我们稍等下再讨论“资料”。

这条因果线并没有表明，有三种真相存在。清楚这一点相当重要——正是这三种真相的存在，才让三重现实的存在成为可能。换言之，倘若只有一种真相，那么就只会有一种现实。

这三种真相分别是：

实际的真相

显现的真相

想象的真相

我对这些概念略加解释，你便会发现它们极其迷人，我将之称为心智的运作机制。

现在，只要知道它们就如同由A到B再到C就足矣。由A开始，每跨出一步，你就距离平安更远一步。

现在，在你的生活中充满动荡和剧变，若你正在寻求平安，若平安正是你所渴望的，那么你就会希望一路向前，由想象的真相迈向显现的真相，来到实际的真相。这样，你就可以由扭曲的现实来到显现的现实，进而进入终极的现实。

这就是个人转变和全球转变的意义。这就是每一位被我们尊崇为大师的人所做过的事。这就是此时此刻，你在今天所能做的事。

在你的生活中，是不是一切都改变了？那就改变一切，开始改变你对“现实”的想法吧。现实不是静止的，现实是流动的。

好吧，这么说并不是精确的。它是静止的，但是我们对它的经验却发生了改变。

我们要进行探索的就是怎样改变你对改变本身的体验。或者，换句话说，怎样改变你对现实的体验——改变正是不变的现实。

我必须告诉你，当我第一次弄清楚现实存在着三个层面，而且我们可以在扭曲的层面、显现的层面以及终极真相的层面体验着发生在我们生活中的事物时，我感觉自己就如同从是从沉睡中被唤醒了一样。我花了很长的时间才弄明白这一点，我花了很长时间才发现我现在随口告诉你的东西。

我希望你明白，我不希望你如我一样也为此花费这么长的时间。

首先，把它当作一个理性的观念，并将其作为一个好用的工具。你现在就需要这个工具，而非十年、十个月、十周，甚至十天之后。你现在就需要手中握有这个工具紧——因为你正在经历令人难以置信的改变。

当我自己正在经历剧变时，若有人能早一点让我知道这些……那会产生多么难以想象的不同啊？因此，现在，就让我将我的发现告诉你。

我刚才提到的这些“现实”之间有着明显不同，不是略有不同，而是截然不同。它们之间的区别就来自于我前面提到的三种真相。

我人生中最大的惊喜之一就是，我明白了没有绝对真相这码事。

如果哪个地方需要有个告示牌的话，上帝啊，应该在每一条路上，在每一条高速公路上，上面都写道：**没有绝对真相这码事。**

你从前有没有问过别人：“你真的买进吗？”那么，在这里也是一样，这和你每日“买进”什么有关。

当你进入“人生超市”，你将会发现，有三种牌子的真相。你可以购买实际的真相，也可以购买显现的真相，还可以购买想象的真相。

现在，让我们假设，货架上并不存在实际的真相。先来看看显现的真相（我们所能看到的）和想象的真相（被我们扭曲的），只有当我们将这些都看清，才能理解实际的真相。

显现的真相是以过去的生活为基础的，你此刻所观察和体验到的真相，它是建立在你本人的历史之上，对此刻正在发生的事所认为的显然如此的真相。

你失恋了，你失业了，你无家可归，你的亲人过世了，或者，你成了空巢老人，和你朝夕相处了二十年的孩子突然离开了你，或任何其他的事情……

这就是正在你的物质世界中发生的事，这就是已发生的事。你知道它发生了，因为它是你亲眼所见的。

假如你停留于显现的真相中，你就会安然无恙，因为现实的真相会给你提供过去一切的相似的经验。

不过，你会待在那里吗？我的意思是，你会待在这种想法里吗？还会跑到想象的真相中去？而且，若你接受了想象的真相，而非显现的真相，那么，你还掌握着回到显现的真相中去的工具吗？

我相信，改变一切的九大法则就是这样的工具。

继续读下去，看看你能否同意。

在很久之前，我离家远行，
如今，我已无法认清我的脸。
我一手建造了生活之舟，
扬帆起航，
行至海上，
向所有人招手致意。
他们明白，
海洋会给我一切，
包括我无法应付的一切，
不过他们还是向我挥手，我起航了，
行至海上。
我驾着生活之舟，
由灵魂建造，用心设计。
怀着极大的天真，我离开海岸，
来到广阔的大海上。
我离家已太久了，
如今，我都无法认清自己的脸。
不过我知道，家
依旧记得我。

——《在海上》 埃姆·克莱尔

爱是唯一的情感

此时此刻，你必须面对改变，你无法逃避。毋庸置疑，你对这种改变怀有某种情感，或许是极其强烈的情感，或许你在一段时间很难应对这种情感。

你此刻的经验正是由这种情感得来的。这种经验就是你眼中的现实。

你产生这种情感的原因是什么呢？你如此生气、害怕或伤心的原因是什么呢？这主要是由于你如同大部分人一样，在形成关于眼前所发生的事情的想法时，你并不是基于现实的真相。若你是基于显现的真相，那么，事情就会变得轻而易举。

但是，大部分人都会基于他们想象的真相形成对当下发生的事情的想法。这就是大部分人所“买进”的。

当你面前突然出现一头冲着你怒吼的狮子时，你立刻被吓呆了，这是由于在你的想象中，你会成为狮子的腹中餐；你在一条山路上行驶，当这条山路转了一个弯时，你发现自己行驶在1000米高的悬崖边上。你感到自己被吓坏了，因为在你的想象中，一个极小的操作失误便会导致你跌入深渊；当听众们正等着你发表重要讲话时，你却感觉自己不知所措，这是由于在你的想象中，你非常有可能会在台上出丑，或令听众失望，遭到别人的嘲笑。

另一半突然离你而去，或你失业了，或你无家可归。你由自己的经验而感到震惊、愤怒、羞愧，并且，早晚会感到……害怕。

这一切都是基于你想象的真相。换言之，发生的事是“坏的”，你会“不高兴”，许多的“挣扎”正在前面等着你。等等。

当然，感到恐惧也无所谓。面对自己正在经历的改变，这都是情理之中的，不必为此感到羞愧。这太正常了，我们都是这样长大的。人们始终告诉我们，恐惧的确存在，恐惧真实不虚。

事实的真相是，根本不存在恐惧这码事。实际上，情感只有一种，没有任何其他的情感。所有其他的表现形式只是不同包装罢了。宇宙中仅有一种情感，仅有一种能量，我们将这唯一的情感称为“爱”。

当你明白了这一点时，一切都会改变。

现在，我知道，这一切听上去会让你感觉有点“空想”，不过，当你知道了除了爱之外再无其他的原因后，一切都会变得清晰，从前经历的伤痛就会得到疗愈。

请牢记，情感形成了经验。因此，明白了爱是产生一切的基础，你就可以将自己的整个人生经验加以改变。

但是，改变怎么可能也是爱的一种展现呢？我们不是一直在说，就大部分人而言，恐惧是对改变（就算是好的改变）的感受吗？我是否真的在说，恐惧并不存在？

没错，我的确这么说，因为（这是一个神奇的启示）……恐惧是爱的一种展现。

你爱自己，你才会为自己感到害怕，你才会害怕任何事物，因为你会在乎有什么会发生在你身上。你当然也会在乎自己会不会活下去。“生存本能”正是展现爱的自然方式。

若你不爱另一个人，你就不会替对方感到害怕，或害怕有什么事会发生在对方的身上，因为你不在意会发生什么。

相当简单，对不对？因此，按照完美的逻辑，我们知道，恐惧与爱等同，只是表现方式不同。同样，其他任何的情感都是爱的另一种形式。

爱是仅存的唯一一种情感，它以一千种不同的方式表达出来，这就是实际的真相。

当稍后我们更详细地讨论实际的真相时，整个观念就会更加完整地呈现。于是，你就会发现，自己平静应对一切改变的能力发生了质的跳跃。

不过，现在，让我们按我刚才建议的方式来看一看三种真相中的两种：显现的真相和想象的真相。这样做十分重要，因为**它是一切的关键**。

所以，就像我刚才所说的，当事物发生了改变，大部分人都会用他们过去的经验来应对，他们活在自己想象的真相中。这种想象的真相会产生一个想法，这个想法又会产生一种情感，这种情感又会形成一种经验。在他们看来，这就是现实。实际上，这是一个扭曲的现实。

这让我们回到你现在所在的地方。

因为刚发生在你身上的改变——这种发生在你身上的剧变并

非你个人选择的，而是在你意料之外，凭空出现的，因此你愤怒、悲伤、沮丧、失望、绝望，或是一切这些的总和。这都是由于你害怕。而你之所以害怕，都是因为你爱的缘故——你爱自己（就算你并不如此认为），你爱生活（就算你声称自己恨它）。

你害怕用自己所熟悉的过去，去换一个你未知的未来，你害怕或许会发生的事，害怕事情会变成其他的样子，害怕你或许永远也无法回到现在的情形（现在这样的工作，这样的人，这样的家）。

好吧，你或许永远也回不到现在的情形了，不过，你极可能再次拥有相同的经验。比如，你可能再也无法与某一个伴侣在一起了，但你极可能会有相同的喜悦和幸福的经验，但却是和另一个伴侣在一起。这些都取决于你“买进”什么，是你想象的真相，还是显现的真相。

请牢记，幸福的体验和一切特定的情势无关。这一点非常难以让人接受，因为许多人极其相信，幸福与某种情势有关。可是，外在事件和内在体验之间并不存在任何关系，除非它存在于你的头脑中。

比如，你的喜悦，实际上和你同谁在一起，以及在何处工作无关，只是你的心智认为它们有关。显现的真相和想象的真相是两码事。永远都是这样。

永远。

事件并不具有意义。事件就是事件，而意义是你的想法。任何事物都没有意义，除非你将意义赋予它们。而你所赋予的意义并不是源于一切外在于你的事件、环境、情形、处境，那是一个内在的过程。

完全。

清楚你本人就是光。
甚至大过，呼吸。
甚至大过，整体。
甚至比拥抱你的宁静，更静。
清楚你本人被拥在怀中。
甚至比从前，更温柔；
甚至比一切黑暗，更深。

当你的光体
呼吸，无边无际
甚至都不清楚
有任何边际的概念

当你领悟，你
就是光
呼唤神秘
将你穿越
而你就是
精美无瑕的乐器
演奏着这首悠长的
永恒之歌

于是

清楚你本人就是
生命的最大欢笑；
生命最好的恋人，
在将神秘召唤
近前……

——《知道自己就是光》 埃姆 · 克莱尔

心智常常制造假象

我们在这里谈论的一直都是关于思想的技术，这也被我称作“心智的运作机制”。而这样的探索不只是让你我漫步于哲学的幽径，当你深入了解了自己心智的运作方式，你就会知道怎样让它替你工作。

这并不是心智愿意做的事。或者，更确切地说，这并不是你的“自我”希望你做的事。

你的自我是你心智的一部分，它认为你即你的心智。

而且，它知道，一旦你知道了心智是怎样运作的，你就会清楚，你并非你的心智。有了这种认识，你就会慢慢地瓦解这个自我。

由于自我清楚这一点，它就会抓紧时间阻止你对心智的探索。比如，在接下来的几章里，它会竭力让你对这种探索感到“无聊”，或者对花费这么多的时间来解释这一切进行感到“厌烦”。甚至，在对这些解释进行理解时，你会倍感“受挫”。

所以，注意，你的自我在这里是怎样运作的。你的自我是怎样让你将这本书放下的，怎样让你放弃这整个探索的。若它成功的话，这绝对不会是你的自我第一次成为你最大的敌人。

就像已故漫画家沃尔特·凯利笔下的连环漫画人物波哥所说：“我们遇到了敌人，敌人即我们自己。”

现在，让我来解释一下自我是什么，不是什么。

自我是你心智的一部分，负责把“你”及“其余一切”区分开来。

所以，它是思维能力的一个重要组成部分。正是这个部分，不但能产生一个一个的想法，而且，能制造出代表这些想法的思考者。

所以，自我，是你最大的天赋之一。它可以让你体验到，你即“你”，而非其他一切人或其他一切事物。

实际的真相是，你就是其他一切人和一切事物。只不过，

“你”作为整个大我的一部分，必须能单独体验它自己，不然的话，它就不能完成其成为肉身后所要完成的一切；它就无法体验其来到这里想要体验的一切。

所以，它就把自己个体化了。而自我，即它这样做的工具。

自我知道，真正的你，要比居于你心智中的具有自我意识的那部分大得多。

就这一点来说，自我是一份伟大的礼物，一个神秘的装置，一个不可思议的工具。但是，你的自我也可以恣意妄为，当它如此做时，就如同科幻小说中失去控制的电脑一样，认为自己就是你的主人，而不是你的仆人。

当你的自我恣意妄为时，它不仅继续把你和一切割裂开来，而且还将它自身和作为整体的你割裂开来。它让你认为，你即它，它并非仅仅是你的一部分。你的自我就此将自己的工作搞混了，想象它必须保护你，却不让你知道你真正的大我。

所以，当你的自我试图让你感到厌倦，或者认为这本书进展过慢时，这就是你需要摆脱你心智的信号。你需要摆脱它，才能了解心智的运作机制和灵魂的系统。

因此，在这一刻，只要跳出你的想法，继续读下去。你就会听到，你的自我不停地恳求你将所有这一切放下，但是，你不要理睬它。

我在前面已说过，经验是内在，而非外在的，这就是同样的事会让不同的人产生不同经验的原因。若要人人的经验都一样，前提是人们没时间进行思考。

我是说，只有当人们没有时间思考时，他们才会是相同的。当人们陷入恐慌时，他们是在做出反应，而非在做出回应。当人们保持冷静，停下来思考时，群体恐慌是不可能出现的。

在写作这本书时，一架美国航空公司的客机在飞离纽约时，一只飞鸟恰好撞进了飞机引擎，引擎很快就完全停止了工作。这架喷气式客机的机长名叫切斯利·萨兰伯格，也是一位真正的英雄——他驾驶飞机成功地降落在哈得逊河上。在完美的紧急迫降之后，机上155名乘客全部走出了飞机，站在机翼上，等待途经的船只前来救援。

最后，他们全都获救了——这绝对是一个奇迹。后来，生还者实事求是地说，当时发生的情形十分简单，没人惶恐不安，大家都保持着清醒头脑。他们是在做出回应，而非做出反应。

这件事过了数周之后，萨兰伯格在《新闻周刊》的一篇报道中这样说："我们从未想过放弃。有了迫降计划，我们就有了希望。同样，人们在面对个人危机时，例如，收到一张解雇通知书、丧失赎回权等，可以由此获得启示。不管情势变得多么可怕，或者你应付它的时间多么少，采取进一步的行动始终都是有可能的。就算是在最危急的关头，也会有一条出路。你可以得救。”

谢谢你，机长，你的这一段话说出了这本书的精要。因此，在任何让人失望和困难的情势中，停下来思考一下，是控制局面恶化的好方法。

顺便说一句，整个过程无须多长的时间，最多仅几秒钟。

你的心智是一个伟大的装置，它可以在几纳秒中对你的一切选择进行权衡，并做出回应。不过，这的确需要时间，回应需要时间，而反应是即时的。

当然，若你的想法建立在“想象的真相”之上，“停下来，思考”就不会给你带来任何好处。那样的话，你的回应相比于你最直接的反应，也高明不了多少。

若这架飞机上的乘客当时想象自己“死定了”他们的末日来临了、他们马上要完蛋了，等等，就算是飞机得以安全地迫降，他们很快也会被淹死，接憧而至的肯定就是恐慌。

不管如何赞扬机长和乘务员都不过分，因为他们让乘客保持镇定、沉着、冷静。

因此，诀窍就在于，不管你周围正在发生什么事，请把你的意识从知觉的最低层次提升到最高层次。请牢记，反应来自于本能，而回应则需要经过思考。这就是说，思考将你推向外在。

可是，你的想法没有任何形态、形状或形式。它们就如同一缕烟雾一样，甚至一缕烟雾都不是。相比于烟雾，它们更轻、更淡，仅是你所抱持的想法罢了。所以，你要如何应对呢？

有意思的是，观念并不一定是真实的。当你的心智面对一个想法，它并不知道一个真实的想法和一个想象的想法之间的区别，“现在”发生的事和“过去”发生的事之间的区别，事实上是“真的”和显然是“假的”之间的区别。

因此，当你在看一部恐怖电影时，你的心智会将这些资料当作是真的，指示你的身体作出相应的反应。于是，你的心跳开始加快，你的呼吸变得急促，你甚至会出汗。

同样，当你看到一张性感的照片时，你会经验到身体的反应，虽然你知道自己看到的仅仅是一张图片罢了。

这是由于你的心智处理资料的方式，而非资料本身造成了你的这种反应。事件与你关于它的现实并非一回事。

你的心智的确是一种装置，它就如同一台电脑。你的笔记本电脑并不“在意”任何事物，它仅对输入以及之前就被输入其中东西做出反应。GIGO是一个著名的电脑科技名词的缩写，意思是：“垃圾进，垃圾出。”

你的心智的运作方式和它完全相同。它自动对你输入给它的资料做出反应，而倘若你给它输入的是错误资料（并非基于看到的现实或终极的现实而来的），你的心智便会得出错误的结论。

若你在错误的结论的基础上做出反应，或许就可能走向情感的地狱（现在，你或许正走在这条路上）。你会发现，自己被卷进了和真相无关的想法中，而这些想象中的问题对你而言甚至都称不上问题，因为它们不是真实的，但你不知道你的想法并非真的。

直到你知道为止。

这就是我们这场谈话的所有意义所在。我们在这里一遍又一遍地重复同一件事：输入、输入、将相同的资料输入。你的心智会对你输入其中的东西做出自动的回应，所以，这本书就是在给你的心智输入可以让它作出自动回应的资料。

我刚才说过，若你将错误的资料输入心智（或者说，并不是基于看到的现实，或终极的现实的资料），那么，你的心智就会得出错误的结论。反之也是这样，若你将正确的资料输入心智（或者说，基于看到的现实或终极的现实的资料），那么，你的心智就会得出正确的结论。这样一来，你生活中各种各样的悲伤、痛苦，迷惘、愤怒和恐惧等都会被消除。

所以，请紧跟着我。就像我母亲经常说的："我的疯狂总有一种方法可以治得住。"当你应对你此刻必须面对的改变时，一切都会很快地拼凑在一起，你将会看到，这是一种多么别致的设计，一切都在一个模式中完美地呈现。

你的情感因你的想法而引发。我们此刻对此已确定无疑。这就意味着，你正在创造着你的感情。这是另一个十分重要的信息。我无法再强调它。

大多数人并不认为自己的情感是由自己引发的。他们以为，自己仅仅是有了这种情感，就如同雪花或雨滴从天而降一样。人们经常说，他们被情感支配着。

实际上，是你自己选择了情感。心智决定着用某种方式感受。情感是一种自由意志的行为。

哇，这很难接受。这非常让人难以接受。

一旦你接受了，你突然就要对一切负责，你要对自己怎样感受负责，你要对你根据自己的感受怎样与他人互动负责……所以，当人们听到这一点时，他们就会寻找一条"出路"。

“一定有我能够不对自己怎样感受负责的办法。我是说，我能理解对自己的感受负责，但我真要对自己的感受本身负责吗？得了吧，我可付不起这个责任。可我就是这样感受的，该死，这就是我的真相。”

你是不是也曾这样告诉过你自己？可是，除非我们看清我们在创造自己的情感中所扮演的角色，否则人类就永远不能进化。所以，我要再重复一遍：你自己选择了情感，心智决定用某种方式去感受，情感则是一种自由意志的行为。

现在，我仅会做这样的让步：你的心智运作得这么快，以至于看上去你好像无法控制你的情感。

你头脑的速度比世上最快的电脑还要快。我想，再过几年，情况就会发生改变，不过在今天，人脑依然比电脑快。你的心智是在它已形成的想法上形成的，使你快速地进入一种情感。当人们说“我十分感动”时，他们的确是这个意思。实际上，他们的确是被感“动”了。思想即能量，而你的心智的工作就是把这种能量转化为情感。

因为这个过程发生得非常快，简直快如闪电，所以，我们要提前获得某个核心问题的答案就变得尤为关键，这个核心问题是：引发情感的思想是怎么产生的？思想又从什么地方来？

若你能想明白这一点，你就已向着可以改变你对事物想法的方向走了非常长一段路了。而假若你可以将你对事物的想法改变，你就能创造一种围绕它的不同感情，这又会产生一种对它的不同体验。尽管心智飞速地运转，不过，它还只是做着处理信息的基本工作，“垃圾进，垃圾出”。

引发情感的思想是什么产生的呢？一个想法从何处来？

它从你的内在真相而来。而你的内在真相又从何处来？它来自于你之前所经历的一切。

所以，若提前知道了这一点，在一个会引发你失望之情的想法爆发之前，我们能改变它吗？

极有可能不行。或许，在某些不常见的情形中可以，不过，在大多数情况下，极有可能不行。这是由于它发生得太快了。一切都在飞快地发生着。甚至提前知道了它会发生的原因，你也无法将其阻止。除非你是一个真正的大师，否则，你根本做不到。

那么，这一切的意义是什么呢？我们在这里讨论这些有什么用呢？做这种探索的作用是什么呢？反复地讨论有什么用呢？问题提得相当公平。的确相当公平。这是一个极其重要的问题，我认为，现在是一个休息一下的好时机，那就先给自己一些休息时间，稍后我们再继续。

小休一下

想一想你刚才所读的内容，然后决定你是不是想要继续读下去，还是略加休息后再接着读。

若你已准备好了，那么，我们就继续。

事后与事前

我在这里告诉你，这一切的关键就是：尽管你或许无法提前控制自己的想法，但是现在，你拥有了一个特殊的工具，一个特别强大的装置，你可以用它在事后使你的想法改变。实际上，几乎是在事后马上改变。而这和在事先就改变几乎一样管用。

想一想。若你能够在体验到负面情感之后的几分钟，甚至几秒钟之内，改变你过去二十年来始终在引发负面情感的大多数想法，马上将其转化为更积极、更有疗愈作用的想法，你肯定愿意自己能这样做的。

我的意思是，你是否认为，这会改变你生活中的一些重要时刻，难道不会吗？

现在，替你的未来思考这一点，甚至替你的现在思考这一点。

若你现在就能将负面情感转化为正面情感，并且，在你未来的人生中每天都这样做，就算最初时你感受到了负面情感，但你能立马改变它，这难道不是一份奇妙的礼物吗？

我在最初的时候就向你保证过，当我答应你时，我就是这个意思，若你读这本书，你将能将恐惧化为兴奋，将担忧化为惊奇，将希望化为期盼，将拒绝化为接受，将失望化为超脱，将愤恨化为承诺，将成瘾化为爱好，将需求化为满足，将评判化为观察，将悲伤化为快乐，将思虑化为临在，将反应化为回应，将动荡化为平安时分。

我并没说，你再也不会感到害怕，再也不会担心，再也不会失望、悲伤和困惑。我是说，你将可以改变它们，而且，可以很快地将它们改变。

或者，你能够花时间与它们相处。就像心灵导师玛丽·奥马里所建议的那样，仅仅怀着单纯的好奇心看看它们，并观察此时的感受如何。

于是，只要你不愿意受你的情感以及它产生的扭曲真相的摆布，你就能够这样做。

你完全可以控制，你能够创造任何你所希望的“后果”。当你感觉到情感涌来时，你希望它怎样影响你，这完全取决于你自己。

顺便说一句，有一点你能够相信你自己：当你不再想要一种经验时，你知道的。

当你的悲伤已结束，当你的愤怒已平息，你已准备掀开你被泪水沾湿的面纱，你的恐惧想要消散，你的不幸已来到尽头时，你自己会知道的。

同样，当你接受到负面能量的第一波潮流时，你在数秒钟之内就可以做出这样的决定，或者你也可以选择数周、数月或数年之后再这样做。

我们也听说过，有人会为其过去的一件事痛苦上几十年。不过此刻，你至少不能说，你无法控制这些情感以及引发它们的想法，你无法控制体验自己生活的方式，你无法控制自己的现实。

在我个人的生活中，我已将自己对愤怒或沮丧的体验缩短到12到15分钟，之后，我就会将之忘得一干二净。

悲伤会需要相对更长一点的时间，有时是30分钟，或者更长。恐惧的时间还要更长，若我不小心的话，我会在其中进进出出好几天。

忧郁？天啊，只要略加鼓励，我就会将其作为一种持续的心态。这种情感简直太好玩了，我都不愿放手。

主要在于：我将那些对自己有用的经验抓住了，只要其对我有用就可以。我怎样才知道它们已对我无用呢？借助于我的幸福计量表。

你瞧，我很了解自己。我在愤怒时其实是开心的，我愿意承认这。我在伤心时我能够是高兴的，我也可以承认这。有时候，伤心让我感觉良好。某种特别的愤怒会附带有一种幸福，不过，若它无法再让我感觉良好时，我就会将其关掉。我不会让自己受到伤害。

你也无须对自己进行伤害。所以，看看此时你生活中正在发生什么，看看你此时有怎样的感受，只要你在某种程度上正从中获得回报，正享受你的体验，那它对你就是有用的。

一旦你认为自己不想再用某种方式感受了……当你听见你告诉你自己：我已受够了，我再也无法忍受了，那么，你就可以用这里所描述的工具来结束它。立时。

这就是你送给自己的礼物。

现在，我要给你看，这一切在现实生活中究竟是怎样运作的。不是在纸上，也不是在演讲会上，而是在现实生活中。

他们缺乏凌云壮志。

他们仅是玩耍，他们三个：
一个黑而毛茸茸，
一个全身斑点眼亮亮，
一个光滑油亮满肚子疑心。

每天天刚亮，好戏就开场，
打闹嬉戏一整天。

假如他坐着，抓耳挠腮，
眺望空旷的山谷，
她就会将，一顶耐用的帽子，
或一根软水管，
或一只塑料球的最后一块碎片带给他，
将它抛在他脚下。

假如有着月色般眼神的那位，
躺在常春藤中，她的双肋被太阳照着，
她的耳朵被树叶盖着，
当她好梦做了一半，
其余两个便会，

掐她的脖子，
扯她的尾巴。

这便是纯真的心灵。
三只狗，在每一刻，
都活出了神秘。

而时光就如同流水一样，
流过我，
试图抓住它们的手指。

——《三只狗知道》 埃姆·克莱尔

专注于此刻

我要向你展现，怎样才能进入到事物的内在真相中，怎样才能在几分钟内由想象的真相上升到显现的真相。

你能够在事先（例如，你正要遇到你知道极有可能要发生的事），或者在事后（我能够说，大多数的情形都是这样）运用这种技巧。

要将你的内在真相提升，就要将你的观点改变，而这比一般人认为的更加容易。实际上，这做起来非常快。

我用个我在世界各地举办的“改变一切”工作坊中的一个实例来进行说明。在这个工作坊中，我会与学员们一起做一个专注于此刻的练习，它是让心智进入到新的知觉层次的练习之一。

这个专注于此刻的练习能够将心智唤醒，通过让心智注意到过去不是现在、现在也不是明天、现在就是现在，来重启你的思维过程。

换言之，让心智注意明显的事物，而不是明显出于想象的事物。

这个练习向心智表明，除了正在发生的之外，并没有别的什么发生，这能够使心智不再添油加醋。

于是，所考虑的资料只局限于看到的资料、显而易见的资料。这会造就一个新的思维起点，那就是显现的真相。

这个新的思想会产生一种新的情感。这种新的情感会产生一种新的经验，看到的现实将取代扭曲的现实，而**内心如此之多的煎熬，正是由扭曲的现实导致的**。这整个的转变均发生于一个人的内在，外在事件并没有改变。

当我发现工作坊中有人在不断地由错误的起点思考正在发生的事而导致了关于此刻的扭曲经验时，我就会运用这种专注于此刻的工具。

一个典型事例是，在静修营或工作坊中，由于房间里有什么发生了某种变化，人们会变得愤怒。他们进入工作坊时感觉既高兴又兴奋，他们期待会有一个让他们震撼的体验。接着，有什么发生了，有什么改变了，或许是我说了有人不喜欢听的话，或者我显露出来的个性激怒了什么人，于是，房间里的气氛马上就发生了改变。

你能够感觉到这种变化，它十分明显，而且的确存在。

只要一个学员有了负面情绪，那么房间里的能量就会发生改变。

这个学员早晚会说："我厌恶此地发生的情形。"我就会问："那么，你觉得此地发生的是什么情形呢？"

对于我的问题，他们常常觉得很奇怪。我解释说，很多的人很难专注于此刻，因此，当我问他们此刻正在发生什么时，他们不清楚怎样回答。

于是，我便对这个人说："你说你厌恶这里正在发生的事。那么，你觉得这里正在发生的是什么事呢？"

他或许会说："嗯，你开始变得语气强硬，想要对大家加以控制。"或者类似于此类的回答。

于是，我说："你就是这样看我的吗？就算我是在这么做，那又如何呢？”

他会重申：“那么我就会心情不好。”

这时，我会邀请他走到前面来，问道：“你想要治疗这一点吗？”他常常会这样回答：“治疗什么？我很好。是你表现得像个蠢货。”

房间里的人都会笑起来，我也笑了（因为这种情形在静修营中每次都会发生，总有人会出来扮演这样的角色），于是我说：“好吧，或许你能够将我治好。你愿意吗？你是不是愿意帮助我，让我变得聪明起来？”

现在连他也笑了。他会答应：“我想可以。”

因此我说：“太好了！非常感谢！那就让我们来试一试。上来，到我这里来。”

他通常就会走上来——因为我遇到的大部分人都愿意“玩游戏”。大部分人都十分有勇气，大部分人都十分勇敢，实际上，你也是如此。

你知道我是如何知道的吗？因为你此时正在读这本书，唯有勇敢的人才会这样做——我所说的是一个在情感上勇敢的人。你就是这样的人，不然的话，你就不会正在读这些我们所讨论的东西，所以感谢你和我一起在这里。

这些话也是我对这个走上来的人说的。我说："感谢你上来与我在一起。"

接着我就会说："我现在要请你专注于此刻。"

他一般会说："我不知道这是什么意思。你指的是什么？"

"我的意思是，仔细看着此刻正在发生的事，就在这个房间里，你和我正站在这里。这是一个十分安全的练习。我可以和你一起来做吗？你是否允许我与你一起来做这个练习？"

我将告诉他，这个练习的目的会自动显现，甚至或许会有点令人吃惊，但是不会造成一点伤害。若他说，好，可以。那么，我们就能做这个练习了，它是这样进行的……

下面是在一个工作坊中发生的真实的情形。是我与一位对我有点恼火的女士之间的互动。

我：你是不是确定自己愿意做这个练习？

学员：没错，我愿意。

我：你完全确定？

学员：没错，我完全确定。

我：不管发生什么，只要我不对你造成伤害，你就不会对我感到愤怒？

学员：不会，我不会对你感到愤怒。不会比现在感到更为愤怒。（众人大笑）

我：好极了。那么，就如同我告诉你的那样，在这个练习中我想让你明白，没有什么会发生……啊——！呀——！

我突然之间冲着她的脸大喊。

我叫得很响，与她的脸庞仅有一尺半的距离。事实上，还要更近。我冲着她的脸喊叫……十分突然。

当然，她吓了一跳，她吓得向后退去，泪水都从眼睛里流出来了。

我轻声地说："刚才发生了什么？"

她奇怪地看着我，好像我是火星人一样。她还在流泪，有些颤抖。

我轻声地问："刚才发生了什么？"

"你把我吓了一跳。"

不，不，不，是你把自己吓了一跳。我刚才做了什么？是你吓了你自己一跳，我刚才做了什么？"

"你对我大喊大叫。你向我靠近，冲着我的脸大喊。"

"好了，你觉得那是什么？到底发生了什么？你看到发生了什么，而非你的心智告诉你发生了什么。显然发生了什么，而非你想象发生了什么。"

"我什么也没有想象！你逼近我，朝着我的脸大喊！你差一点把我吓坏了。”

“不，我并没有吓你。是你将自己吓着了。扭曲的现实是不安全的。但是你看到的现实是什么？”

“我不明白你的意思。我不知道你想对我说什么。”

“你看到的是什么？你观察到的是什么？”

“你大喊了一声，我的耳朵都快被震聋了。”

“好吧。还有什么？”

“我感到了你的呼吸。你跟我离得太近了，我的脸都可以感觉到你的呼吸了。”

“很好。现在，我们进行得相当好。我是否碰到你？”

“没有。”

“我是否伤到你的身体？”

“没有。”

“那么，刚刚发生的是，你的耳朵听到了一声大喊，你的脸感觉到了我的呼吸。这是否刚刚所发生的？”

是。”

“那又如何呢？这样就可以将你吓到的原因是什么？若你在一瞬间被吓到，这还说得过去。若你是听到一声霹雳，雷声会吓到你，但是，雷声会给你造成任何伤害吗？”

“你不明白。你刚才几乎要把我吓死了。”

“但你开始哭，你流出了眼泪。”

“对呀！因为你将我吓坏了！”

“不，是你将你自己吓坏了。不过，我们不要在这一点上争论不休。让我问你一个问题。你从前被雷声吓到过吗？例如，夜里突然响起的一声响雷？”

“是，当然有。我确信人人都有这样的经历。”

“好。当这种情形发生时，你是否也哭了？”

她沉默了一会儿，然后说：“没有。”

“好。因此，我们可以确定一点，你会在一瞬间被吓到，因为有什么摔在地上，或者你听到一声响雷，或者发生了别的什么，假若这超出你的预料，那么，你的反应是正常的。但只有小孩子听到雷声时才会哭，原因是他不知道发生了什么。你不会由于听到雷声而哭泣，尽管你会在一瞬间被吓到。原因是什么？那是由于你知道正在发生什么。你的心智会知道，表面上发生的事情，并非想象的真相，而是显现的真相。在出人意料的一瞬间过去之后，是什么造成了你任何程度的持续创伤呢？”

就在这时，我看到，这位学员的脸上闪过一丝神情，好像回想起了什么。

我继续说：

“你在任何一个此刻所体验到的这种持续的心理创伤，是你从其他地方而不是从此时此地即刻加入进来的。

“你所触及的并不是真实的，比如说‘昨天’。你的心智知道：在我六岁时．我爸爸这样对待过我。——你开始让昨天进入此刻。拔下过去资料库的塞子，让资料全部流光，将昨天的此刻全部流光。你可以做到吗？”

沉默。接下来……

“是，我想我可以，你怎么知道我爸爸这么做过？”

“我仅仅是猜测。存在多种可能。关键在于，你的心智将过去的东西拿出来放入了此刻，而你的情感正是由这一想法引发的，你的这种情感产生了你受惊吓的体验。现在，重新审视刚刚的那一刻，就在这个房间里。刚刚发生了何事？你观察到了什么？”

“我听到一声大喊，它让我惊诧万分。我的脸上感到了你的呼吸。我认为自己受到了威胁。”

“好。这是一个非常的观察。你做得非常好。现在告诉我，你怕我吗？你认为作为静修营的老师，我有可能会以任何方式对你造成伤害吗？”

“不，不太可能。”

“不太可能？”

“一定不会。你不会对我造成伤害。”

“你确定吗？”

“确定。”

“那你认为受到了威胁的原因是什么呢？”

“因为你让我想起了我父亲，当他向我大喊大叫时，他伤害过我。”

这时，她沉默了相当长的时间。她刚才已注意到了这一点，不过现在，她真的明白了。房间里的每个人都明白了。

最后，我尽可能轻柔地说：“我明白了。因此，你觉得现在是过去。”

“对不起。这是一种自动反应。”

“不要说对不起，这很正常。不过，我来问你：你认为你是不是能够不这样自动反应？”

“是，我想可以。”

“你的意思是，我能够再次朝着你的脸大喊，但是，你不会认为受到了威胁？”

“我想是的。是的，对。”

“换个人行吗？”

“什么？”

“在另一个时候，另外一个人突然向你大喊，你是否会以为自己受到了威胁？”

“我想不会，没错。”

“原因是什么？你认定自己以后可以做到这一点，而刚才却无法做到的原因是什么？”

“因为通过这个练习，我刚刚经历了一遍。我现在明白，我认为，正在发生的并非真正发生的。”

“太好了。因此，你现在可以将过去与现在区分开来，你可以把自己从过去解放出来。你不再欠过去什么了，你已将足够多的现在交给你的过去。

“所以，你要给自己带来这种持续的自由，你唯一要做的就是——专注于现在，仔细观察现在正在发生什么。就在此时此地，要进入显现的真相，不要‘买进’想象的真相。你明白了吗？”

“是，我想我明白了。”

“你想你明白了？”

“不，我明白了。我已经明白了。”

“很好。很感谢你。在这个静修营结束之前，若我变得兴奋，提高嗓门或语气强硬，你会明白正在发生的是什么或不是什么，对吗？”

“没错。”（大笑）

“太好了。请坐。”（掌声）

相信我，你无须弄清楚。

你无须知道得太多，以至让自己变得无助。
无助地面对生活接下来要带给你的。

所以，要学会安于知道得相当少。
知道一点点，关于爱。

关于他人。
关于应该怎样生活。
关于事物是怎样运作的。

就算不知道一切，
用柔软的膝盖跪行，
随时打算跌倒，
当生命这样要求。

让一只手空着，
如此一来，当悲伤降临，
它便会被带到你的心中。

铺一张可以让你本人

躺下的床，好像投入让人快慰的怀抱。

我们来到此地，是为了发现
生命往往是平静的。
它要求我们，凭着我们的所知而生，
并臣服于它。

它在周遭极其轻松地嗡动，
自然而善意。
要明白，只有
当我们又一次牢牢地扎根于这种知识，
生命好像才会呐喊——
奋起，
满怀爱意，
它向我们耳语。

——《生命是宁静的》 埃姆·克莱尔

我们的真相从哪里来

我希望你可以注意到，在我刚才与你分享的这个例子中，我仅仅是要对那位女士加以鼓励，让她从一个新的起点开始思考。我邀请她把显现的真相而不是想象的真相作为思考的起点。

当我朝着她的脸大喊时，当她在形成有关正在发生什么的想法时，实际上，她有三种真相能够选择。通过选择其中一种真相，她会形成一种想法，这种想法会引发一种情感，这种情感会导致她的现实。

一开始，她创造了一个扭曲的现实。最终，她把自己的经验提升到所看到的现实。她仅仅是通过改变自己的心智就做到了这一点。

你注意到这位女士还做了什么吗？她所做的，正是我们每时每刻都在做的，她在创造她自己的现实。

现实并不是发生了什么，现实是我们以为发生了什么。我们并非在体验外在正在发生的事，我们是在体验自己的内在对外在正在发生的事所做出的反应。

许多人认为，“你创造了你的现实”是一种灵性学说。可是，并不像大部分人所认为的那样，“你创造了你的现实”是在一个灵魂的层面上完成的。它是在心理的层面完成的，这是心智的一个功能，和心智的运作机制有关。

既然你已了解了这究竟是怎样发生的，你就可以让它发生，你可以随心所欲。于是……你就自由了。

你能够摆脱内心的煎熬，能够摆脱痛苦、挫败、焦虑、恐惧，以及所有令人讨厌的情感，它们常常伴随着你所不希望的改变和人生中的灾难而来。

当我还是一个五年级的学生时，有一个经常欺负我的坏小子。在我排队、去餐厅、上楼梯或任何别的时候，他每天都会找一个理由将我揍一顿。而每次，我都会说诸如下面的这类话：“别再打我了！你最好别再打我了。”

直到现在，我还记得，他嘲讽地说：“是吗？你想要如何呢？啊……哈！”

当然，他很聪明。他并不知道自己非常聪明，但他还是非常聪明。因为他问的问题是一切关于人生，关于人生中每一个改变的最根本的问题——你想要如何呢？

每当发生了外在于我们的心智的事情，生活就会向我们提出这个问题。每当有什么事情发生或结束，不管是什么事情，这并不重要。或许是一个亲人去世了，或许是你弄丢了自己的眼镜，或许是你的爱人心情糟透了，或是心情好极了。或许是你刚被解雇了，或者刚找到了工作。生活总是在向你提出同一个问题：

你想要如何呢？

你的回答会创造你的经验。

我们大部分人并不这样想，可是，这正是我们生活中每时每刻正在发生的事。我们从外在世界接收资料，并用它们来创造我们现实。

我们真的是在无中生有地创造现实。我们是在用纯粹的思想创造现实，而思想是由我们心智所抱持的真相产生，这就让我们提出了下一个合乎逻辑的问题：**真相从哪里来**？

最开始，我们问，现实从哪里来？答案是：它来自于我们的经验。然后，我们问，我们的经验从哪里来？答案是：它来自于我们的情感。然后，我们问，我们的情感从哪里来？答案是：它来自于我们的思想。然后，我们问，我们的思想从哪里来？答案是：它来自与我们的真相。

现在，我们要问，我们的真相从哪里来？答案是：它来自于我们接收到的资料。

而我们接收到的资料从哪里来？我们获得信息的来源很多。我们的父母、家人、朋友、邻居、老师、榜样、文化、宗教、娱乐、游戏，以及一切我们自己过去的生活遭遇。反过来，它们又受到以上一切因素的影响。

然后，我们要问，激发、导致一切过去的资料被“带入”我们的觉知中的是什么呢？答案就是：一件事。一件外在于心智的事。每一件事都会将过去的资料唤起。

接着，我们要问：导致事情发生的是什么呢？

答案是：我们的现实。

换言之，一件事情是由另一件事情造成的。

再换句话说，一切事组成一个圆圈。

你明白吗？那条直线……因果线？

这条线压根儿不直，它是一个圆圈。

宇宙中不存在直线。它们仅是看上去是直的。一切直线最终均会自己弯曲。

你是否有过“极目远眺”的经历？你正在看着天地之间，而地球在地平线之外是弯曲的，它自己弯曲了。

所有的一切均是弯曲的。不只是地平线，时间、空间，所有的一切。我在这里所说的，被称为事件疆界(the Event Horizon)。

好，我们再来看一下我们的因果线：

事件＋资料＋真相＋思想＋情感＝经验＝现实

现在，你在心里将这条线弯曲，使之两头如表带一样相接。

于是，你就会看到真相。事件和现实相连，现实和事件相连，事件和现实相连，现实和事件相连……

它们相互对接了。

噢，老天啊！这不只是弯曲了因果线。这也把我们的脑筋扭曲了。

好吧，我需要在这儿稍稍休息一下。我真的想休息一下。我是说，我写到这儿，我需要休息一会儿。

小休片刻

想一想你刚才所读的内容，稍稍回顾一下……然后，将其放在一边。

当你做好继续读下去的准备后，我们就继续前进。

我们还有什么可进行的？

你能否看出来，这些对你会有用？你是否开始明白，你能通过理解并运用我在这里所描述的机制，来让自己对此刻生活的体验做出巨大的改变？

你唯一要做的就是，将你内在有关正在发生什么的真相加以改变。由新的起点开始你的思维。但是，你会遇到一个新的挑战……

并不存在一个全新的起点。并不存在一个全新的视角。

有人曾说：“从人类生活的第一天开始，就不可能有任何新的视角。”这或许有点夸张，但意思非常明确。在任何时候思考时，我们差不多都是在过去的资料的基础上进行的。

还有别的可能吗？除了始终在进行的之外，我们没什么可进行的。

或者，我们能够……

你所认可的“真相”，是你的想法的来源。不过，你认可的真相——显现的真相或想象的真相，则由你是看着哪种过去的资料决定。

我们现在越来越深入兔子洞了。

我们就要了解到，**你的内在真相不只由你过去的资料得来，而且，也由你选择查看过去的哪些资料得来。**

在真相被创造的过程中（没错，你的心智创造真相，而非观察真相），心智在时间中回溯到过去，找出看起来、摸起来、听起来或闻起来和此时相似的所有过去的每一种资料。若心智找到一种与之相匹配的资料，就会将两者进行比较，观察其相似的程度，然后，将其认为相关的来自过去的一切信息添加进此刻，从而将一整套全新的资料创造出来，它与最初观察到的资料一点儿都不像。

对产生你所谓的“经验”，这种修订和补充过的资料具有非常大的影响力。你的“现实”并非你所看到的，而是在你将过去的资料添加进去之后，你以为自己所看到的。它是基于你的心智由你过去的资料中抽取并输出到当下的“真相”，这便是你所体验到的“现实”。

十个人或许会以十种不同的方式体验同一种现实，时刻牢记这一定很重要。

复杂之处在于，实际上，**你的心智中存在着两种过去的资料。我将它们称为评判的过去的资料和实际的过去资料**。

若事物仅以一种面目出现，那是不是相当省事？不过，并不是这样的，我们有三种现实和三种真相。而现在，我们又有两种过去的资料。但至少这就是根本，这就是真正的“元凶”。

若仅有一种过去的资料，就会仅有一种真相，一种现实。因此，我们现在至少清楚问题的所在！

评判的过去资料能够包含你所谓的美好回忆或糟糕回忆，这由你如何判断最初产生这些回忆的事件决定，这当然也是一个基于先前事件的评判，这个评判当然是基于更早的带有评判性的过去资料，以此类推，一直可以推到你出生及出生之前。

没错，当你在子宫中时，你就已开始接受你周围的资料了。

举一个带有评判性的过去资料的例子：和恋人分手是痛苦的。

在这个例子中实际的过去资料是：和恋人分手，是两人亲密关系的终结。这可以是“坏事”，也可以是“好事”……或者，不好也不坏，它就这样发生了。

你头脑中始终在反复地思考着这件事。它始终在那里，让你无法摆脱。这台电脑上没有删除键。你的心智会将和当下就算是存在一点相似之处的过去的资料“调出来”。于是，你就基于自己并且只有你自己才拥有的先前资料来对此刻的资料做出评判。没有谁会与你的过去一起漫步，没有人会拥有你的历史。

这就说明，只要你还待在自己的心智中，世界上没有一个人能够以你的方式遭遇、理解或体验任何事。

就严格的字面意义而言，“心智的会见”是不存在的。不过，灵魂却可以互相融合，这正是任何人都渴望的完美恋人关系。只有在这种情形中，才可以了解真相。

人类对这种完美的恋人关系之所以充满渴望，是由于他们拥有这种细胞记忆，这种关系不仅是可能的，它不仅发生过，而且它此刻正在发生。

而情感，是唯一阻碍我们体验这种关系的，从思想出发的情感。因为情感是从思想来的，思想则是从真相来的，真相则是从受心智评判的过去的资料得来的。

很明显，心智避开不了这条因果线，灵魂怎样才可以做到这一点呢？

相当简单。

这种过去的资料并不存在于终极的现实（灵魂所在之处）。灵魂始终在此时此地。哈，这是一个完全不同的话题，我要将其留到该书的第二部分。

再回到大部分人对生活中正在发生的事的经验，我们知道，我们头脑中不断翻滚着具有评判性的过去资料或实际的过去资料，精神病学家和心理学家所说的客观现实和主观现实，就产生于这一因果线最后。

主观现实是从带有主观评判性的过去资料中得来的。顺便说一下，并不是所有这类资料都是负面的，不应该这样认为。

我们常常认为，过去发生的事是很美好的。客观现实是从实际的过去资料得来的。相对于“经过分析的资料”，你或许会称之为“原始资料”。

我自己则将客观现实称作“看到的现实”，将主观现实称作“扭曲的现实”。

我为什么不使用用与医学界相同的术语呢？我为什么要创造自己的术语呢？

因为我的术语更能说明问题，更重要的是，传统医学的模式并不承认还存在着第三种现实。

我的模式表明，在扭曲的现实与看到的现实之上，还有别的现实，我将它称为终极的现实。当我开始用这种模式来看待生活时，所有都变得有意义了。

第三种现实的存在，可以让每个人都有可能极大地改变他们的生活。不仅仅是改变他们的生活，而且还能转变他们的人生。

请注意第二个现实——你客观观察到的现实，相对于你主观经验得到的现实，它的确可以将一个人的经验加以改善，而优秀的心理医生能够帮助人们做到这一点。

但是，请注意第三个现实——实际发生的现实，相对于我们所看到的正在发生的情形，能极大地影响你的人生，或许你永远也无需再承受内心煎熬的折磨。

佛陀就是这样生活的。基督就是这样生活的。一切真正的大师均是这样生活的。

尤伽南达是如此生活的，一行禅师就是这样生活的，还有西方的大师，像斯蒂芬·莱文、艾克哈特·托勒、拜伦·凯蒂、玛丽·奥玛利等，都是这样生活的。

这些人已理解了，有人说，他们已掌握了自己的生命。

我已用自己的话把这种理解说出来。对我而言，这一点非常明显：要真正很好地利用心智（并因而在最高层次上体验生命本身），我们就不得不超越常规的治疗模式。

现代心理学的架构可以容纳的灵性空间十分狭窄（倘若有的

话）。换言之，它无法容纳上帝和灵魂。这是一个极大的讽刺，因为这与最开始的想法完全背道而驰！

我们由“心理学”（psychology）一词获得了一点线索。“Psyche”出自希腊文，意思是“灵魂”。“logy”也是希腊文，意思是“知识”。因此，我们能够发现：

psycho+logy=灵魂的知识

古希腊人都知道，所有健康的行为均来源于灵魂的知识！

我在本书中所使用的架构同样认识到了这一点。我用来研究和影响行为的模式，是是以灵性为基础的，它的基础就是theo+logy，也就是：上帝的知识。这是否会让治疗变得更有效？你认为呢？

我认为，第三个现实，也就是终极的现实，由于它是从实际的真相得来的，因此，它最终不只会为正在发生的一切提供解释——也就是发生了什么以及为什么会发生（前两个现实都做不到这一点）。

一旦我们知道了事情会发生的原因（如突然的改变），利用心智的巨大力量，再加上永远保持清明的灵魂，我们就不但能够改变正在发生的事物的经验，而且，能够去创造对将要发生的事物的经验。

这就是人类进化的下一步。而人类没必要等待许多年后，才可以迈出这一步。你，你自己，仅需几分钟就能迈出这一步。实际上，仅需读完这本书的时间。

最美妙的是，你不用同意我对上帝的观念，就可以这样做。你压根儿不必相信上帝，你是自由的。这本书并不要求你皈依宗教。我并不想在这里说服你任何事。我仅仅想与你分享一些工具。你会知道它们对你是否有用，而且你不必非要相信什么才能运用它们。

但你要知道，若你运用这些工具，不仅可以改变你对自己此刻正在经历的人生改变的体验。它也将影响你今后生活中的一切改变，当你离开人世时，你将会经历一切改变之中最大的改变。

当你告别人世时，你看待整个人生的方式会因为将发生在你身上的事和你将意识到的事而彻底发生改变。你会以一种更大的视角去看待所有的事，你会怀着爱和接纳去看待每一刻，你会怀着谅解与同情去看待所有的错误，你会怀着甜蜜的骄傲和温柔的喜悦去看待所有的成就。并最终愿意接纳和拥抱你自已壮丽华美的人生。

我们此刻正在进行的这场对话就是要呈现出这种视角。就是要将它从那时带到此时。

我还记得，我父亲曾说过："如果当初就知道……"而我们就要"现在"就知道"未来"才知道的。这很让人激动，对吧？

任何的一切
都为了如光在世界上游走
所做的准备。
你再不会迷失，
生生世世的流转已结束。

所以，当厚厚的尘埃
被擦拭干净，
那个你所熟识的
你
定会消散。

让这束光成为
你的言语和你的缄默。
让你生活中的哀伤
离去。

让爱你的人
爱他们自己。

当你如此做时，
大地为之震颤，
星辰为之燃烧

天空为之开裂。

尽管这是痛苦的，不过
你注定会知道，
你就是光。

——《你注定会知道》 埃姆 · 克莱尔

蛇、狮子与人

我们马上要到达本书第一部分的结尾。在第一部分的谈话中，我们深入探讨了心智的运作机制，这样，你就拥有了改变自己经验的方法。

在接下来的时间里，我们将通过对灵魂的系统进行探索，将你创造改变的方式加以改变。

若我们没有深刻地理解心智的运作机制，我们就不可能解释第二种更让人激动的工具的运作方式。若心智没有得到灵魂提供的燃料（也就是说，动力），那么，不管我们怎样彻底地解释它，我们都不可能充分利用心智。

这就要求我们意识到，生命这两个部分均有其本身的功用和目的。

除非我们运用生命自我展现的一切方式作为抵达终极现实的途径和手段，我们才能真正活出生命。

因此，我们现在要更进一步，来到对物质生命探索的最后一个层次，因为它将让我们面对一个可以改变的人生，它将会让你在之前几章中所读到的变得切实可行，这是你根本不会想到的。

到那时，我会再回过头，谈论你与你当下的生活体验。

我在最初的时候就假设，现在，你正处在人生的重大改变之中。我希望你现在已经发现：让人奇怪的是，我们对这种改变的体验，或许和你实际看到、摸到、尝到、听到或闻到的毫无关系。你关于它的内在真相，是由你过去的资料形成的，而你的思想、情感和经验，正是由你的内在产生的，而它们又形成了你如今的现实。

你是处在一个扭曲的现实、看到的现实，抑或是终极的现实之中？好吧，你能够凭自己的感觉知道这一点。

若你感觉糟糕，你就是处于扭曲的现实之中。若你感觉不错，

你就是处于看到的现实之中。若你感觉幸福，你就是处于终极的现实之中。

你的心智在寻找什么样的和当下的资料相匹配的过去资料，决定了这一切。

不过现在，让我们来问一个有意思的问题。假若你的生活中遇到了此时此地的资料，而你的心智却无法将与其相匹配的资料找出来，那会如何呢？

我之所以提出这个问题，是由于你始终在与我一起思考，你或许已在向自己提出这个问题了。答案是，这种情形几乎不可能出现。

我刚刚说，在过去的资料中找不到和现在正在发生的事相匹配的资料，这种情形基本上是不可能的。差不多任何你当下正在体验的经历，都是你从前经历的某种翻版。当然，它或许会一直追溯到你的婴儿时期（所以，这种资料或许并不存在于你有意识的记忆中），但是，它却存在于你的资料库中，我可以向你保证这一点。

以我自己的情形为例，我直到现在还清晰地记得，当时，我还不满两岁，我站在自己的婴儿栏杆床中，大人正训练我如何用便盆。这时，我想上厕所。我叫我的妈妈，想让她把我由栏杆床里抱出来。她当时在其他的房间里。她听到了，于是她答应道："宝宝，我立刻就来。"可是她并没有来。

我又喊又叫，开始哭起来。她一直答应着我说她我马上就来，但是，我等了很长的一段时间，她并没来。

我不清楚她在其他房间里干什么，但她明显愿意被打断。糟糕的是，那一刻，正是我最需要她时。我知道她听到了我的声音，因为她已答应了我。不过她就是不来，我感觉自己被抛弃了。她不来的原因是什么呢？

我不停地地想翻越栏杆……我现在好像还可以看到自己正努力想要自己的脚跨过栏杆……但却徒劳无功，栏杆太高了，我无法出去。

"妈——妈——"我最后一次大喊道，但是没有用。最后，我哭得像一个泪人儿，我别无选择，除了将我的尿布弄脏。

你瞧，我知道这并非什么大不了的事。我现在可以明白这一点。可在那时，我并不知道。就在那个时候，资料被存储起来。

你明白了吗？你清楚了吗？

大人一直在告诉我，大孩子要用便盆。当我没能做一个大孩子时，我就觉得天塌了。

直到现在，我一直必须面对被遗弃的问题。你认为这是我编造出来的吗？

这就是它怎样运行的！这就是心智怎样运作的。它并不知道过去和现在之间的区别。

我无法将这段记忆抹去。实际上，这些年来，我越想忘掉它，它就变得越发不可磨灭。当然，我是在将它烙在心智中。就像我在前面已说的，这台机器上没删除键。

所以，你的心智无法从过去的资料中找到和现在正在发生的相匹配的资料，这种情形差不多是不可能的，并非绝对不可能，不过可能性相当小。

你的心智会不遗余力找出与之相匹配的资料，因为你的心智知道，你的生存就由它能不能找出可以与此刻相比较的资料所决定。不然，你如何知道自己要如何进行下去呢？

但让我们假设，心智就是找不到，当下发生的情形是如此地独特、不同寻常、新鲜，以至于你真的无法从过去的记忆中找出可以用来与之相比较的资料。

别担心。你的心智会从你记忆的“分目录”中搜索，这些资料被保存在意识的第一层之下，它们存在于你的分子编码或你的

“潜意识”中。这被称作你的细胞记忆，或被有些人称为本能。就在这里，产生着“是战还是逃”的反应，以及其他的本能反应。

事实上，你的心智先进入的是这个分目录。它如此做是自我保护的第一手段，以防止你没时间考虑。当任何外在事件发生的时候，你的最初冲动就会本能地做出反应。然后，若你的确有时间思考，还记得我们在之前谈到过这一点吗？我们说过，这仅需几秒钟时间。你能够决定你想要怎样回应，而非不假思索地做出反应。

回应是种奢侈，反应是即时的。而当你做出回应时，你总知道，你压根儿不是在对当下正在发生的事做出回应，你是在对你的过去做出回应。

这样，你就明白了。若你的过去的确无法提供与你现在的资料相匹配的资料，那么，你就会回到你的本能那里——这也是过去的资料，只不过是一种不同的过去资料。

你正是被你的直觉推向了你的未来。

它告诉你，若你想有未来，就要聆听你的过去——就算这是一个你无法有意识记住的过去。你的细胞记忆——这个“分目录”，储存着你的整个人类历史。所以，与你在生物遗传上有关的任何人曾经遭遇你此刻正经历的资料，你就可以马上得到这样的资料。

这是爬行动物的头脑在运行。

是什么？

没错，我说的是，爬行动物的头脑。

而这一切，一切的一切，均直接和你今天正在体验到的经验有关。每一所学校里都应开设这门简短的心智运行机制的课程，这样，当我们长大后，就会明白在这里所讨论的，并可以创造我们所梦寐以求的生活。

因此，接下来就是我们在本书第一部分的最后一课，以及一段对其进行说明的对话。

放下书，让你头脑略作休息

若你已做好了准备，那么，我们就继续。

最后一课：你神奇的头脑

头脑就是心智的工具。

这个神奇的装置已历经了进化历程的数个发展阶段。最开始的时候，我们拥有一个爬行动物的头脑。接着，在此基础上，物种的进化由产生了一个哺乳动物的头脑。最后，我们进化成了人类的头脑。

在此，我想要感谢伊尔奇·李博士，我现在和你分享的是他的天才和洞见，他是位来自韩国的大师，我向你极力推荐他的数本有关人类头脑的著作。

爬行动物不会进行价值判断。它不会接收来自当下的资料，并将其与相似的资料相比较、分析，判断它们之间存在的异同并做出决定，如何基于相关的价值评估做出回应。

爬行动物对所有事物均会做出本能反应，其信息存储在细胞中，是遗传的。只要外在刺激一样，它这一次的反应与下次的反应就会是相同的，改变仅是因为千百年进化的需求。这种本能反应是即时的，对于相同的刺激，所有同一种类的蛇的反应都是一样的。

人的心智也是即时运作的，但是，在同样非常短的时间内，它可以发挥更多的功能，因为人类的头脑功能已进化到了一个更高的层次。

我们的头脑同时也储存着我们自己独有的详尽资料。世界上没有一个人的心智会和你相同。因此，虽然我们均为人类的一员，但是，我们却不会对相同的刺激做出相同的反应。

你知道这吗，一条蛇无法体验到愤怒。你无法让一条蛇“发怒”。也无法让一条蛇“开心”。一条蛇仅仅是永远处于它所是的状态中，它就是一条蛇。在此意义上，它已完成了自身的进化历程，现在正在充分体验其完整的存在。

人类也一样行走在通往完整的旅程上，只是，我们还没能完成这段旅行，我们还不曾来到我们进化进程的终点。

我应该承认，这是一个具有争议的话题。也有些人类学家相信，我们已完成了人类的进化之旅。他们认为，人类已进化到了顶点。

实际上，这种观念被世界上最杰出的生物学家所公认。

2009年3月，《发现》杂志上在一篇封面报道中，谈到了这一点。特约编辑凯瑟琳·麦考利夫，是2009年艾丽西娅·帕特森新闻学术奖的获得者，她一直致力于从石器时代到现在人类的进化的研究。

麦考利夫写道：“这种观念已变得根深蒂固，它事实上成了一种教条。”

可是，她也表示，现在也存在一些重大的分歧。她告诉我们，一个研究小组指出："人类进化的速度，在过去的一万多年，要比人类历史上任何时期都快100倍。"

这种观点和我的看法不谋而合：在我们的星球上，改变正在呈指数级增长。这有非常多的原因，其中包括：我之前提到过的沟通速度的加快，并且，麦考利夫深具洞见的文章提供了一些让人感兴趣的假设给我们（见《发现》杂志2009年3月期的《我们还在进化吗？》）。

因此，我的假设是，人类仍然在寻求完全成为真正的自己。

我观察自己，我也观察人类，我认为，似乎我们甚至还没走完一半的路。或换言之，我们对自己连二分之一的了解都未达到。

这种观点可以是让人感到泄气的，也可以是让人感到高兴的，这完全由你怎么看待它所决定。顺便说一句，对于生命中的一切，也是这样。

就我来说，我就感到兴高采烈——人类是神奇的，我们还有一半的路要走！我们会因明天的潜力到梦想所及之处，并且更远。

但是，就此打住，让我们还是回到我们对头脑的解释。

相对于一条蛇，一头狮子则拥有哺乳动物的头脑。

它可以并且确实会体验到愤怒，请不要对这个理论进行验证。我向你保证，这是准确的。不过，一头狮子并不会评判：“我的愤怒是否有道理？我的愤怒是对还是错？它是否恰如其分，还是过于夸大？我今后该一样这么愤怒吗？另一头狮子会如何想？”狮子不会向自己问这些问题。

人类的头脑已进化到第三个层次。人类接收资料，将其和其他资料进行比较，集中回应资料的方式，衡量一切选项，对所有选项可能的结果进行分析，判断哪个结果最好，并告诉身体怎样做出回应，所有这一切，均会在一秒钟或一百万分之一秒内完成。

不可思议吧？不过，就算你的脑袋里装着这样神奇的电脑装置，你的心智所选择的回应方式却有可能和现在没有任何关系。

问题在于，很多人都还未学会运用心智的一切能力，包括思考之前资料中所不具有的信息的能力，来对任何特定情况做出回应。极少有人会思考运用这相同的机制（也就是人类头脑），来创造其所喜欢的情境，而非忍受他们所遭遇的情形。

我们大部分人的可怜的心智所做的是，从们最近（今生）和遥远的过去（生命进化历程）中，将记忆和潜意识记忆找出来，然后将这些资料倾入我们的此刻，同时，将其投射进我们的未来。

这个快如闪电的过程，创造了一种被我们称之为“思想”的能量形式，并使之运动。我把这种现象描述为：能量+运动(E+motion)。

出于讨论的目的，我将其简称为：情感(Emotion)。

这就是宇宙的创造力。

我想，我需要再说一遍。

这就是宇宙的创造力。可悲的是，大部分人认为，情感是其难以控制的东西。

实际上，就像我之前说过的，情感是能够选择的。心智选择用某种方式感受，情感是一种自由意志的行为。

只有当我们明白了这一点，我们才能够做到我所描述的那样——运用情感来创造我们所希望的情境，而非简单地对我们所必须忍受的情形做出反应。我们会在本书的第二部分进一步地讨论。

对于怎样改变你的情感，我们已详尽地探讨了。在这里，做一个简单的概括：**这个情感的想法由改变引发。要改变想法，就要将引发这个想法的真相改变。要改变真相，就要在任何事发生之后，即刻运用你心智的最大潜能，对你资料库之外的资料进行搜寻，来为你的真相建立基础。**

同样，这也是本书第二部分所要讨论的。

为了让你理解怎样利用心智来超越心智，我在这里打下了一个坚实的基础，我已在这里对心智的运作机制进行了深入探索。

现在，你能否更清楚地看到，工作坊中的那位女士就是这么做的？

只要稍加引导，她就做得很快。此外，她也同意，她极有可能将来也可以做到这一点，却无须任何提示或帮助，这是由于她突然之间明白了自己一直在做什么。

她有意识地看着，自己怎样将自己断定为糟糕的过去资料倾入此刻，将其对父亲的记忆投射到现在。

明白了这点，她就是在做灵性导师玛丽·奥马里和其他人所谓的“亲眼见证”。工作坊里的这位女士亲眼见证了自己在自己的心智中创造的一切，并简单地做出一个新的选择。现在，她再也不必这样做了。

我所描述的这个过程的关键在于，我们要转向一个新的想法。所以，我与其他人，像艾克哈特·托勒和玛丽·奥马里，在这个世界上所做的工作，有时被形容为新思想运动的一部分，这真是极其恰当。

新思想运动就是为了将意识提升，将觉知提高，从想象的真相提高到显现的真相，并从扭曲的现实跳跃到看到的现实。

就那位女士而言，一旦她停下来思考，我绝不会以任何方式伤害她，我并非她父亲，这一点就会变得很明显。想做到此点，她仅需更加仔细地观察，而非简单地接受她的心智最开始给她的信息。就像人们常说的，“三思而后行”。

所以，要将你对事物的想法加以改变，你仅需做到二思而后行。当你面临巨大的改变时，通常，你就会心怀恐惧，很多人便会告诉你，“不要多虑”。

我告诉你的，与他们告诉你的恰好相反。

我是一个可贵的存在，
我没有太多时间。
只要我们认为拥有很多的时间，
我们都是可贵的存在。

太多时间被浪费于
奔走。
问我们遇见的所有人：
“我的名字是什么？”

若你还不清楚
或若你已将其遗忘，
那么就安静下来，深入内在，
回答这个问题。
你，是一个宝贵的存在：
告知我们，你的名字。

——《可贵的存在》 埃姆 · 克莱尔

一个扭曲的现实

好，所以我们现在明白了，改变你的思想非常简单，多思考，三思而后行，专注于当下。

我们为什么不举一个实例，一件现在会发生在你身上的事，来看看这个过程是怎样进行的，好吗？

首先，我想要创造一个情境，用以向你演示专注于现在的过程，这样，你就会真正明白我们要如何做。

现在，我们均已知道，有三种“现实”，即扭曲的现实（你觉得正在发生的一切）、看到的现实（你所看到的正发生在你眼前的一切），以及终极的现实。终极的现实是指，正在发生的一切的“本来如是”，为何它会发生的“本来如是”，以及你的“本来如是”。

我们也知道，这些现实是由三种不同的真相得来的：想象的真相、显现的真相、实际的真相。

请看下图：

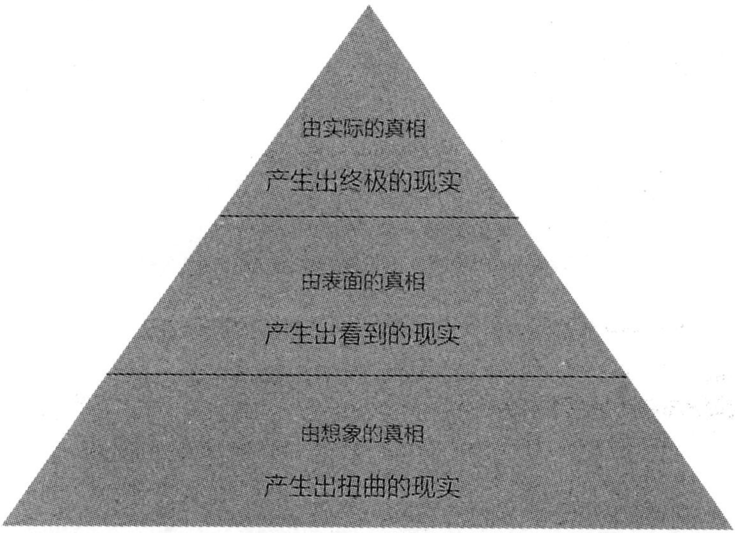

金字塔中，每一层中小号字体的文字是你对现在生活中正在发生的事的思想起点。大号字体则告诉你，这些起点会把你带到哪儿。

若你希望改变你当下的生活经验，仅需将起点向金字塔的上方移动。这是一个尽可能高地将你的觉知提升的过程。

现在，由于我并不确切地知道，现在你的生活中究竟发生了什么，那现在就让我们做一个假设。比如说，你刚失恋了。我们用这个例子仅仅是为了加以说明，你可以将我们在这里运用的相同公式用到你自己的实际情况中去。

好，现在，比如说，是你的恋人提出了分手。当你的恋人最后一次从你的家门走出的那一刻，你的心智便开始运作。

首先，你的人类头脑搜获一切过去的资料。它分析你生活中过去一切有自己感到被冷落、被抛弃、被遗弃的时刻。它从从前的经验中（包括你妈妈将你留在摇篮中，你不知道她何时才会回来）将一切资料找出，包括具有评判性的过去资料和实际的过去资料，并对信息进行比较。

现在，你应知道一点。负面的、带有评判性的过去资料，是你的心智最关注的，因为这类资料正是你的自我，也就是，此时此地正在运作的心智**所不希望再次体验的**。

因此，你的头脑审视着这些负面的、具有评判性的过去资料，将其添加到当前的资料中，并将它们混合，由此生出一个想法，引发了一种它认为会对你有益的情感。

这就是：痛不欲生。

这让你下跌到金字塔的更低层次，将你由看到的现实下移到扭曲的现实。总而言之，你感觉糟糕到了极点。

就像我之前描述过的，就算你之前从未被人拒绝或抛弃过，但别人（你的祖先）却有过这种经验，因此，你还是会基于负面的、带有评判性的过去资料，来产生思想和情感。人类的细胞记忆中会有这些负面的资料，它来源于你爬行动物的头脑。

若你不小心，就可能由此产生一种本能反应。

然而，现在还存在另一种可能，还存在另一个问题：若你有一个与你当前经验极其相似的过去经验，而你的过去经验是一个美好的经验，那又会怎样呢？若和当前资料相似的、具有评判性的过去资料中存在着好消息，那又会怎样呢？

请记住，并不是一切带有评判性的过去资料均是负面的。你过去的一些经验也可能被视为是相当正面的。

因此，若你从带有评判性的过去资料中得知：不用担心。你已有过这样的经历，一切都会好起来的，那又会怎样呢？这必定会改变你此时此地对正在发生的改变的体验，对吗？这将消除情感，并产生一种正面的经验，对吗？

好，若我们都从我们的“正面的”评判性的过去资料中学习，我们就可以做到这一点。但是会有一些几乎难以觉察的情况发生。心智或许会带来这种正面的资料，但它会对其不予理睬，就好像这种好事甚至从未发生过一样。

请牢记，**你的心智总是会将主要注意力放在过去“坏的”资料上，而极少对过去“好的”资料进行关注，这是因为这就是它的工作。**为了**保证你的安全和生存**，你的心智已被这样设定好了程序。

就此而言，可以说**“好消息就是没消息”**。

你明白了吗？你听进去了吗？这确实很重要，因为它解释了事情在发生改变时，许多人第一个想到的就是有什么出错了，第一反应就是事情是多么糟糕，告诉自己的第一件事就是这真让人讨厌。

若能将这种倾向扭转，那岂不美妙？若在大部分情况中，大部分人第一个想到的是有什么事做对了，所关注的第一件事是事情有多好，告诉自己的第一件事是这是一个多么好的机会”，那岂不美妙？

有些人极难做到这点。他们不明白，别人为什么会认为生活是美好的。而他却认为生活是这样的艰难。在我九岁时，我父亲告诉我："儿子，现实点，不要做白日梦了。"当朋友们看到我不在乎或干脆无视有可能的坏结果，他们会说："什么，你疯了吗？"

而我的回答是：没错！

如果你想以我现在告诉你的新方式来体验生活，你就必须从你的心智中跳出来。

至少一小会儿。至少直到你已非常好地理解了心智是怎样运作的，对你怎样可以改变你的真相有了非常好的理解。当你改变了你的真相，你就可以改变你的思想。当你改变了你的思想，你就可以改变你的情感。当你改变了你的情感，你就可以改变你的经验，当你改变了你的经验，你就能改变你的现实！

所以，让自己对正在发生的事三思而后行。就像艾克哈特·托勒所建议的那样活在此刻。这样你就可以将你的觉知，由想象的真相提升到显现的真相。

若你可以如此做，你就会对正在发生的一切得出一个全新的结论。让我们来看一下。让我们来看看，在我们"假装"你失恋的例子中，若运用这个技巧会发生怎样的情形。

注意你现在的感受，你就会知道，你已创造出了以下扭曲的现实：

我被抛弃了。

现在我又形单影只了。

这真是太糟糕了。

我受到了不公正的待遇。

若对方不在，我活不下去。

我再也不可能幸福了。

这样是不公平的。

我受到了伤害，我永远也不会原谅……

现在，我请你思考一个伟大的问题，一个能够改变你的世界的问题，一个能够改变思想背后的真相来改变思想，通过改变思想来改变你的情感问题的问题。

这个改变人生的问题就是：

是否有可能，我正在体验的现实并不是真的？

刚开始，这个问题或许看似愚蠢而毫无必要。你当然了解自己的感受，你肯定知道这是怎么回事。若你想让自己挣脱出正在体验的感受，你的心智就会与你争论。

“睁开你的双眼，看看你的周围！”它会大喊，“你被抛弃了！你又形单影只了！这个人离你而去了！再也不会回来了！你会伤心的！你会难过的！这可真是太可怕了！”

但假若你有足够的勇气继续问这个改变人生的问题，最终，你的心智就会停止与你的争吵，并再次审视这一切。它会三思。

你的心智会在你头脑中大叫："嘿，不要三思！不要三思！"这是由于它知道，若你这么做了，接下来会发生什么。让自己安静下来，不要评判，仅仅是怀着好奇心和同情心（就像玛丽·奥马里所说的），然后，温柔地坚持你要三思而后行，你会再次审视一遍，之后才将你的经验烙进你的记忆。

你的心智最后会和你合作。你能够真诚地训练你的心智与你合作。在这里，你不得不要如大师教老狗学新把戏一样，你不得不有一个大师的心智。

小休一下

回顾你刚才所读的内容，然后再决定，你是不是还想继续读下去，还是休息一下，以后再读。

假若你已准备好了，那么，我们就继续。

你看到了什么？

现在，让我们来进行一场对话怎样？

让我们来看看，你正在面对什么，在你今天的生活中。当然，我们要用我们“假装”的例子，因为我现在无法与你直接对话。

因此，让我们来看一看这个“假装”的例子，不过要以我们的新方法，让我们将你此刻的遭遇限定为你所看到的，而非你感受到的。

假若你参加了我的工作坊，我就会说：“请告诉我，发生了什么？”

而你或许会回答：“我的伴侣刚离开了我。我被抛弃了。我现在形单影只了。”

而我会说：“我明白了，你的伴侣离开了你。这是你亲眼所见。这是你看到的现实。不过，你有没有‘被遗弃’？你是否‘孤苦无依’？这是你所见到的，还是你在自己所见到的之上添加的东西？”

而你或许会回答：“我不知道你是什么意思。我没有‘添加’什么。我被抛弃了，这是事实。我形单影只了，这是实情！”

于是，对话便这样开始了……

“真的吗？对你来说，‘被抛弃’意味着什么？”

“它意味着被拒绝，被冷落，被遗弃。你认为它意味着什么？”

“被谁呢？”

“什么？”

“被谁拒绝，被谁冷落，被谁遗弃呢？”

“被你所爱的人！被你的伴侣！被一个你曾经认为会和你共度

余生的人。”

“好吧，在你的想象中，你又给这个词加入了新的含义。”

“你在说什么啊？”

“客观地说，‘被遗弃’的字面意思就是：被所有人拒绝、冷落、遗弃……这才是‘形单影只’。这是你所看到的现实吗？这是你所看到的自己现在置身其中的情境吗？”

“你是在这儿玩文字游戏。仅仅是在玩文字游戏，想要证明你的观点。”

“不，你才是。是你在玩文字游戏，这样你就能够证明自己的观点。你是在用你富有情感的语言告诉你自己什么，而不是你所目睹的事实。”

“嘿，我越听越糊涂了。”

“不，是你自己把你弄糊涂了，是你的想象的自我把你弄糊涂了。你所认可的是一个想象的真相。不过，不要感到非常糟糕——这十分正常。不过，你是否有想将这种经验改变的意愿？你愿意将此种经验改变吗？”

“我想，是的。”

“你想是的？”

“好吧，好吧，我知道了。我愿意改变我的经验。”

“很好。此刻，告诉我，你现在所看到的自己的生活是什么样的。你被抛弃了吗？”

“是的，我被我的伴侣遗弃了。”

“很好。你还被谁抛弃了？”

“对不起。你有没有听到了我的问题？”

“我听到了你的问题。”

“那好。那么，你还被谁抛弃了？”

“没有别人。”

“没有别人？”

“是。”

“因此，你并没真正‘被遗弃’，也就是完全、彻底地被别人冷落，绝对是形单影只的。你仅仅是被一个人遗弃了。”

“是的。但这就足够了。”

“确切地说，这足以让你感到伤心。但是这足以让你感到彻底被遗弃了吗？”

“这是我此刻的感受。我无法改变自己的感受。”

“你当然可以。若你想的话。你不必改变，但是若你想改变，你就能够做到。你是否觉得这种经验不错？你开心吗？”

“当然不开心！你能够看出来，我并不开心。”

“好，假若你不开心，你为什么要让自己一直有这种感受呢？”

“我并未让自己感受，它就这么发生了。”

“好吧，让我问你一个问题。你影单影只吗？”

“按你的说法，不。”

“好，还有其他什么说法呢？‘形单影只’是何意呢？”

“我的意思是，我失去了自己的生活伴侣。”

“这我知道。但是你是否形单影只呢？你所看到的是什么呢？你看到你的生活中有没有其他人呢？”

“当然有。”

“有关心你的人吗？”

“我想，有一些人关心我。”

“你想？”

“好吧，好吧，有一些人关心我。老天……”

“那么，你并没有‘被遗弃’，你并非‘形单影只’。对吧？”

“你只是想让我感觉自己错了。你仅是想让我对所发生的事感觉好受一些。你并没有解决什么问题，你仅仅是想让我审视每一个微小的细节，这样，你就可以如此一来，就可以证明你的观点，而非聆听我的想法。”

“其实，我是在聆听你的感受。你说得没错，我是想让你感觉好受些。不过，我不会为了让你感到好受些而欺骗你。我不会为了让你感觉好受而告诉你一些并不是事实的东西。实际上，我是在将真实的情况告诉你来让你感觉好受些。

“我想让你改变对这一切的想法的起点。我想邀请你由想象的真相提升到显现的真相，这样你就可以由扭曲的现实来到看到的现实。我将一个可以从不同的视角看待事物的机会提供给你。你并不曾被抛弃，你也没有形单影只，这就你来说非常明显。

你的伴侣已经不再和你在一起，在你看来，这也非常明显。你已将这两种资料混为一谈了，将它们当作一回事。你可以看出来吗？”

“是的。”（勉强地）

“好。很好。那就让我们从这儿开始。现在，我们开始……”

（对话将继续下去，不过我们就此打住。）

这一段对话尽管是我编出来的，却极具力量，因为，从某种意义上来说，我并非在凭空编造。你要知道，我已经历过我在这儿所用的“假装”的经历。我不仅记得自己在工作坊和静修营中和他人的对话，我也记得自己内心的对话。

当我被我的伴侣抛弃时（一天，我回到家中，发现什么都没了……家里空空如也，家具不见了，她的个人财产也全都不见了），我自己也有所有这些一样的想法。我想：

我被抛弃了：我又形单影只了；这真是糟透了；这对我太不公平了；没有她我活不下去了；我再也不会开心了；就这样结束，这真不公平；我被伤害了，我永远也不会原谅她……

一切这些想法均要经受时间的考验。在我有这些想法时，它们看上去都是这样的真实，反映了我内心深处的真相。

可是，我很快就发现，我是生活在自己想象的真相之中，而非在显现的真相之中。随着时间的推移，对我而言，我的一这些断言很明显都是错误的。

那么，你又如何看待你对现在自己所处情形的想法呢？

我梦想
让我在自己能力所及的范围内，
去爱每个人。
我可以帮助，
请你到我这里来
双眼含泪，
笑中带悲。

在这个我为自己做的新梦中
我将你们纳入其中。
你想要弄清楚我的爱是什么吗？
它就是你的爱。

我们每个人，
就如同小狗一样，
蜷缩成，
暖暖的，
一团。

——《小狗》 埃姆·克莱尔

不评判会怎样

现在，我们到了这场对话的一个关键时刻。我们已将心智的运作机制进行了仔细研究。既然我们明白了这一切是怎样运作的，我们就来到了这样一个时刻，现在，对于改变一切的九大法则中第二、第三和第四大法则，你都有机会进行实践。我知道，你已在践行第一大法则了，你已改变了“独自面对”的决定，不然你现在就不会与我在一起。

接下来的三大改变法则是：

法则2：重新选择体验情感的方法

法则3：从观念的陷阱跳出

法则4：远离想象中的真相

你能够现在就这样做。你能够运用心智的运作机制，转变你对现在发生在你生活中的改变的想法。

现在就审视一下你自己在过去几天里的情感。这种情感是愤怒吗？恐惧吗？忧郁吗？挫败感吗？担忧吗？悲伤吗？失望吗？绝望吗？

经历了生活中这些改变，你感受到了怎样的情感？将它们写在一张纸上，将下面的句子完成……

发生这些事的后果是……

真的，将它们写下来。这对你会有帮助。因此，去拿来一张纸，把它们写下来。用几句话来描述一下你先前和现在的感受。你或许会写道：我一直感到恐惧。或你会写：我一直感觉悲伤。或你会写：我一直感觉愤怒。或所有这些。

很好。

现在，将引发你这些情感的想法写下，写完下面的句子：

当我沉思这一切已发生和正在发生的事时，我认为我……

现在，请将这句话写完。你或许会写，我认为我将再也不会开心了。或者你可能会写，我认为我受到了不公正的对待。或者你可能会写，我认为我陷入了困境，无法轻易摆脱。或者，写下你在思考自己生活中改变时想到的，无论什么。

非常好。

然后，将引发了这些想法的真相写下来。写完下面这个句子：
我有关这种情形的真相是……

将这句话写完。你或许会写道：我有关这种情形的真相是它伤害了我，或者，它很危险，或者，它无法解决，或者，它……

现在，审视导致这个真相的带有评判性的过去资料。现在，看看自己是否能够暂且将这些带有评判性的过去资料忽略，来到实际的过去资料。假若不加以这样或那样的评判，现在的情形事实上是一种怎样的情形？事实上，有关这种情形，你的过去对你说了些什么?

从逻辑的观点来看待它,逻辑地看待过去的资料,完全不做评判,你看到的前几次这种事发生在你身上时的真相是什么?它有没有给你造成严重的伤害,而你始终未曾从中得以恢复?

实际上,你是否还没有从许多比这更糟糕的情形中恢复过来?在有些情况下,当你已尽力而为,情形有没有好转?关于这一切过去实际的资料是什么?

现在来看一看,它是否以任一方式影响了你对现在体验的真相?你能否让它以任一方式对你的真相造成影响?你能否更进一步,创造一个有关刚刚发生的一切事情的全新真相?

你是不是可以看到,你自己正在由想象的真相提升到显现的真相?

我的朋友,这的确有用。但是现在,聆听你的心智正在告诉你什么。它是不是在说:"没错啊,没错啊,它的确对你有用。可对我而言,人生却是一场永不停止的挣扎。"

你的心智是不是在这样对你说说?假若不是,很好。但假若是的话,那就采纳玛丽·奥马里极富智慧的忠告:好奇心和同情心。

只是让自己对心智所说的充满好奇，对你所了解到的充满同情。

玛丽温柔地建议，问问你自己：什么方法可以渡过难关？我真正是谁？我需要将什么看清？我需要说什么和做什么才可以成为最好的自己？有什么需要我关爱？我人生中的下一步应如何走？

温柔地对你的心智进行观察，看它正走向什么地方，正在做什么。不要错怪自己。不要责备自己或怪罪自己，最重要的是不要自暴自弃。要有主见，对自己充满好奇，问你自己关于你自己的问题。最重要的是，从始至终要爱你自己。

直面自己，让自己身处此刻，聆听自己的呼吸，或看着房间里的某样东西。然后，假若你愿意，就静静地轻轻地让你自己做出一个新的选择，接受一个新的真相。

最后，我们要用一个与心智运作机制有关的洞见来将本书的第一部分总结：真相并非你找到的，而是由你创造出来的。

上帝说：“放下锤子。”
它却是我本人的声音，不要搞错。
这也是你本人的声音。
因此，“放下锤子”。

将你的手贴于唇边，
或紧贴心口，轻声说：
“宽容是甜蜜的。”
虽然不曾需要宽恕什么。
我们所做的一切不过是为了去爱。
爱显现为一切：不同类型的愠怒、恐慌和苦痛。

我们所做的一切均是为了想去爱。
没有什么需要宽恕，
除了，再一次举起锤子……

——《放下锤子》 埃姆 · 克莱尔

第二部分

灵魂的系统

认识灵魂的系统，使之帮你创造生活中的改变，

而不是在现实面前屈服。

终极问题与终极答案

现在，到了我认为是本书或任何书中最令人激动的地方。

我刚才是否说“或任何书”？没错，我就是这样说的。原因在于，我觉得，你马上要读到的信息会比任何一本其他的书中所包含的信息都更重要，更关键，更有力，且直接关系到你创造自己所想要的生活的能力。

我希望你将笔记在本书页边的空白处写满了。我希望你将书翻烂了，卷角了，磨损了。假若你阅读的是电子版，我希望你会将灵魂向你大声呼喊的每一行、每一段标出，它们正是你想从本书中听到的。

现在，我想告诉你灵魂的系统是怎样运作的。

心智的运作好像一个连锁互动的机械装置。现在，我们要研究的是替心智提供动力的燃料。当我们完成本书第二部分的探索时，你就会拥有你所需要的，并让其来“改变一切”。

在一个瞬息万变的世界中，在你每次转向好像就会面临重大改变的个人生活中，有一点非常重要：你要了解自己是怎样体验改变的，以及会以这种方式体验改变的原因。这样，假若你愿意，你就能够转变你对改变的体验。

在面临崩溃和灾难时，依旧保持镇定、冷静，这是极难做到的。然而，这是能够做到的。在这儿，你和我将一起来看看怎样才能做到。

我们宣称，你有一个灵魂，并以此来进行我们对灵魂系统的探究。这并非一种任何人都可以接受的“假设”。

有些人相信，人类仅仅是生命的一种特殊形式，人类的内在并没有“灵魂”。以下的讨论假设，这种说法不是正确的。它进一步假设，存在着一种我们能够称之为超灵或有人称之为上帝的存在。

这样的假设并非基于盲目的迷信。而是基于观察、逻辑以及由此作出的判断。

我们只要对充满能量的宇宙略加观察，就可以了解到这一点。

这种能量好像存在于任何有生命的事物的核心中。事实上，存在于所有事物的核心之中，不论我们称之为“有生命的”，还是无生命的。

比如，就拿我们之前举过的例子，一块石头来说。

一块石头好像是静止的，一般不会被归为一种有生命的生物体。

然而，假如你将具有生命的生物体定义为根据一种完美和精确的设计（这好像表明其核心有着某种程度的智能）而运动的东西的话，它明显是一个更大的精确系统的一部分，那么，石头就是很有活力的。这是由于在一个高倍放大镜下，对一块石头进行细致观察，你就会看到一个微观世界，而这个世界是宏观世界的一个缩影。

从望远镜与显微镜中可以看到相同的情况：一个粒子系统或能量“球”，在以可怕的速度围绕着一个核心或原子核旋转，某种无形的却明显普遍存在的力量支撑着它的整个构造。科学家们可以看到，你也应该可以看到。

换言之，对一块石头（或任何东西）的亚分子结构进行深入观察，你就会发现一个“小宇宙”。你也会感到这个宇宙被什么推动着，这种“东西”是看不见的。但你却可以看到它的效果，而导致这种效果的能量本身，肉眼是无法看到的。

是不是能够说，能量并不存在的呢？不能这样说。

不可见的一切并不是就是不存在的一切。

现在，我要告诉你，我们所说的“灵魂”，就是这种不能被肉眼看见的事物的一部分，是一个能量系统，它让万物运动，赋予生命以动力。因此，这也就是我们称之为“上帝”的能量。实际上，上帝就是这个系统本身。

这个系统通过将力量赋予其本身，从而让其存在和扩展，在这个过程中，将它自己复制成越来越小的版本，而上帝就是这个系统的最大展现。

这便是灵魂的系统，它无可挑剔，其功能同样完美。它的设计精致完备，它的目的极其明确，它的力量恒久不变。

此外再也不存在其他方式，不然，这个系统就会解体。也就是说，它将不再自我整合，并因而不复存在。

这就意味着，上帝存在于万物之中，生命存在于万物之中。而这是真的，我们在灵魂的层面上，知道这一点。

这就是我们为什么会把无生命的物体人格化。我们会为自己的船取名字，会爱上它。当我们的汽车无法启动，我们就会爱抚地说："好了，亲爱的，你能行的。"于是，汽车就发动了。

妈妈决定重新装修客厅，爸爸说："行，但我的椅子要留下来。"我们将自己的婴儿毯从阁楼上的旧衣箱里找出，我们会将其贴在脸上，泪水由眼中流下，我们会对它给予我们的一切温暖和关爱表示感谢，我们会对这条毛毯表示感谢。

你觉得，灵魂不知道生命能量无处不在吗？

我要告述你，一切都是鲜活的，而灵魂知道这一点。

灵魂在万物之中看见它自己，它知道，我们和所有生命是一体的。而当心智劝我们不要相信时，它仅仅是悲观地看着这一切。这是由于，你要知道，心智只拥有过去的资料，它从过去的资料中得出结论。而灵魂却超越了过去的资料，到达一个时间本身并不存在的所在。

灵魂知道实际的真相，而心智却止步于显现的真相。

除非心智不这么做。

而这正是灵魂鼓励心智去做的事。它鼓励心智不要在事物的表面止步。

它轻声呼唤："不要就此止步。跟着我来，到一个你甚至连做梦都不曾想到的地方。"

这一切真有意思，你或许会说：但这与我的生活有什么关系呢？与已发生的改变有什么关系呢？我要怎样应对它们呢？

啊，对，这就是关键……

稍稍喘口气

让我们花一点时间来思考这所有的含义，并思考，这些含义的确和你的生活、与所发生的改变，以及与你怎样应对这些问题有关。然后……

当你准备好了，那么我们就继续。

关于改变的惊人真相

我和你在这儿进行的整个对话，其中有两句话是我希望你可以逐字逐句记住的。

我是说，真正记住。或者说，永远不忘记。

或者，用肥皂将它写在你浴室的镜子上，或者贴在你的冰箱门上。

这两句话是可以转变人生的话。我称其为：

1. 一个改变人生的问题

2. 一个回答一切的答案

这个将人生改变的问题出现于我们对心智的运作机制探索的最后。你还能记起这个问题吗？那我再说一遍：是否有可能，我正在体验的现实并不是真的？

正是灵魂鼓励你问这个问题。

现在，让我告诉你这个回答一切的答案。

我所要告诉你的，或许让你对改变再也不会有负面经验。这是最后的一块拼图，是遗失的钥匙，是未知的组合，是秘密中的秘密。这个改变人生的问题是本书第一部分的高潮，而这个回答一切的答案则是本书第二部分的起点。

即：一切改变都是为了变得更好，没有变得更糟这回事。

这就是我所描述的能量系统是怎样介入你的生活的，这就是你的灵魂怎样介入已发生的和将要发生的改变中的。

生命告知你我：
毫无瑕疵；
一切都渴望
欢庆。
你天生就能够弯腰，
如此一来，你便会发现
你脚下本来就存在太多的奇迹。

你天生就能触摸，
如此一来，你就会发现，
你如天堂般的美丽容颜，
而非你一定要承担的负担。

当我祈求上帝对我讲话，
我感觉。
自己就如感觉到的一样渺小、孤寂。
但此时，
压根儿没有特别的理由，

我开始
发光。

——《发光》 埃姆·克莱尔

智慧在心智之外

刚才我告诉你的能够改变一切。此外，不需要任何其他信息，不需要任何其他资料。心智现在就有力量得出一整套全新的关于生命的结论。

在这场对话开始时，我说有九大改变法则能够帮助你改变一切。但事实上，现你只需要一个改变。

法则5：不要抗拒，改变并非一件坏事

一直以来，我们都把改变视作是一种破坏，是流动的中断，是方向的转变，是我们生活中情形或境遇的变化，特别是那些被

我们视为让人讨厌的改变，这向来就是我们眼中的真相。

我们的思想从这一真相产生，我们的感情从我们的思想产生，我们的经验从我们的感情产生，我们的现实从我们的经验形成。

请你想一想我刚才所说的话。一件事发生了，带来了我们的现实。我们的现实就这么形成了。

这是真的，除非我们跳出我们的心智。

当我们跳出心智，进入灵魂的世界，那儿就不再是给我们带来现实的事件，而是纯粹的觉知。

从觉知出发，会产生实际的真相；而从事件出发，顶多可以产生显现的真相，更多的时候，会产生想象的真相。因此，我们从事件出发会进入扭曲的现实，而从觉知出发，最终会来到终极的现实。

而我们觉知到了什么才会导致我们整体经验有质的飞跃呢？除非我们觉知到有关改变本身的实际的真相。

我们觉知到，改变并不是一种破坏，而是一种爆发，它是生命更全然的绽放。

我们觉知到，改变并不是流动的中断，它就是流动本身。

我们觉知到，改变并不是方向的转变，它就是所有生命运动方向本身。

我们觉知到，改变并不是我们生活中情形或境遇的改变，它就是我们生活中的情形和境遇。

在我们扩展了的觉知中，我们看到，若没有改变，生命本身就不会存在，因为生命即运动，而运动的本质即改变。

所以，**问题并不在于生命是不是会包含改变，问题在于生命会包含什么样的改变。**

而这个问题的答案取决于你怎样运用心智的运作机制，以及你是不是将其和灵魂的系统整合在一起，将它们看成是同一个更大工具的两个把手。

那么，就让我们来研究一下这个灵魂的系统，就如我们研究心智的运作机制一样，让我们先来给灵魂下一个定义。

灵魂即能量，它是生命自身的能量，它将生命力赋予生命本身。生命通过生长和死亡的过程赋予它自身能量和生命力，这是一个自给自足的系统。

一定要牢记这最后一句话，它至关重要。生命是一个自给自足的系统，它永远不会终结，永远会自我持续。怎样持续？通过适应。为什么要适应？这样它就可以保持运作。当它不再可以以一种特定的方式运作时，它就适应。通过适应，它就让自己能够持续。

生命每时每刻都在让它自己适应，它一直在改变。问题不在于生命是不是一直在改变，而在于生命一直在改变的原因是什么。生命一直在改变，是为了一直保持可持续性。所以，所发生的任何改变都是**为了让生命本身变得更好。**

我希望你可以接受这个关于改变的新观念，在一个更加个人的层面上，就能够这样说：

一切改变都是为了你好。

我们大多数人在事后都有这种经验。

我们大多数人都有过这种经验：当一件事发生的时候，我们会把它当作生活中最糟糕的时刻。后来，我们才发现，随着时间的推移，**这件事正是发生在我们身上的最好的事之一。**

实际上，发生在我们身上的任何事都是如此，但是，我们并不知道这一点。我们无法接受这一点。因为根据我们的定义，有些事变成了最坏的事。然而，我们的定义是扭曲的，被我们心智的运作机制及其固有局限所制约了。

心智极可能对之前所发生的一切知道得很清楚，但它并不知道这样发生的原因。心智有着生命过去一切的资料，但它并能知晓这些资料的深层意义。心智非常可能知识丰富，但它并没有智慧。

智慧在心智之外，在灵魂之中。

这就是我们需要同时将这个神奇的创造工具的两个把手握住的原因，我现在要给它一个固定的名称：你。

让我把话说清楚。

“事实”和“知道”并不是一回事。我们能够知道任何关于重力的事实，但是，假若我们不知道重力会起作用的原因，那我们就什么也不知道。我们能够知道一切有关电的事实，我们甚至能够极非常好地使用电，但是，假若我们不知道电是什么以及它起作用的原因，我们就什么也不知道。我们能够知道一切有关光的事实，甚至我们能够使用光，但是，假若我们不知道光是什么以及它起作用的原因，那么，我们就什么也不知道。

同样，我们能够知道任何有关改变的事实，但是，假若我们不知道改变是什么以及改变发生的原因，那么，我们就什么也不知道。

例如，我们或许并不知道：

没有什么会变得更糟，一切只会变得更好。

这是一个口气非常大的声明，我知道你非常难相信。然而这是真的。

现在，我们往回退一步，给它一些物理学的基础。没错，我是说物理学。

我一直在说，心智是一种机制。现在我想说，生命也是。

所有的生命都是一种机制，就如任何机制一样，生命以能量的形式来运作。但和大多数其他机制不同的是，生命就是生命自身运作的能量。也就是说，它自给自足。

所以，恒星向内破裂，整个星系消失在黑洞之中；所以，地震、龙卷风和飓风肆虐世界各地；所以，大鱼吃小鱼，小鱼吃虾米；所以，人类出生，生活，然后死亡，即“尘归尘，土归土”。

然而，在这所有的转变中，能量并没有消失，只是改变了形式。能量从不曾消失，也永远不会失去，它只能被转化。

光，正是能量的转化产生的。它可以通过热能转化而来，电能转化而来，重力转化而来。它通过一切事物，包括生命本身的能量转化而来。

能量会自行运作，能量的转化能够形成能量形式(energy information)，能量即生命的信息（life information），生命一直在形成之中，永远地将自己形成其之前所不是的东西。说得更简单一点，这即所谓的改变。

是的，这个词又来了——改变。

这就是生命的全部意义所在，生命通过生命过程本身来对生命进行滋养。在这个过程中，生命在一眨眼间千百万次地改变其形式，在几秒钟的时间里千百亿次地改变其形式，在一分钟时间里千百兆次地改变其形式，你甚至都没时间来计算。

当我们把生命看作是能量的表达时，几乎是不可能变得更糟的。这是由于生命本身仅能在一个根本的方向上改变自身，即：进化所要求的方向，扩展所要求的方向，保持其自身欣欣向荣所要求的方向。

事物仅能变得更好，事物仅能改善，这是由于“改善”是上帝的唯一本质。

换言之，上帝无意坑害自己。

生命是上帝向其自身证明自身的方式。它这么做的过程就被称为为改善。

但是，请稍等一下！谁会说存在着一个“上帝”？

我会这么说。

但是，我并不像许多人那样使用“上帝”这个词。我并不用这个词来表示或描述一个存在于宇宙某个地方的巨大的超级存在，他有自己的偏好、倾向、需求、愿望、沮丧以及人类所认同的情感。

我不是在谈论这么一个神圣实体，他有非常多的需要想要被满足，要不然，谁会有这样大的脾气（至少，他会对不服从他的人予以坚决的惩罚）。他大概也有阳具，并能够推断他的皮肤是白的，他没有妻子，但有一个儿子。

当我用“上帝”这个词时，这并不是我指的上帝。

我指的是超级智能之源将自身展现为我们称作为生命的纯粹能量，我指的是一个系统的最大展现。

这个系统通过赋予系统本身以力量来让它自己存在和扩展，将它自己复制成越来越小的版本。

我在这里谈论的是宇宙中存在的最大的没有分化的干细胞，生命的一切形式都由它产生。

事实上，根据我自己的理解和经验，**“上帝”与“生命”是能够互相的，**而且在这个等式中，进化是一个常数。这是始终存在的生命本身的授权，这是任何万有持续而无尽的调整、适应与改变。

没有什么调整、适应或改变会抑制生命，而仅会扩展生命。没有什么调整、适应或改变会削弱生命，而仅会加强生命。

生命朝着层次越来越高的复杂状态进化。若生命想进化，那么，它就不可能退化，它不可能做到这一点。

的确，生命看上去是在退化，改变看上去并没有“变得更好”。但是，实际上，改变只能变得更好，不然它就不会发生。一切灵性大师都知道这一点，这就是为什么每一位大师都以各自的教导说道：**不要根据外在的显现来评判。**

生命永远是可运作的、可适应的、可持续的。这就是生命的根本法则，它们无法以任何方式被侵犯或破坏，不然，生命将会不复存在。

用我刚才提到的简单替换法，将上帝替换生命，理解这些就会变得容易得多。突然间，所有都清楚了。

即：上帝永远是可运作的、可适应的、可持续的。这就是上帝的根本法则，它们无法以任何方式被侵犯或破坏，不然，上帝将会不复存在。

当人们接受这儿所提出来的非凡观念，改变的进程就会被看作其本来的样子：它是神性自身的终极表达，通过适应来维持自身，使自身永远壮丽伟大。

改变是生命意欲继续下去的一个声明。改变是生命自身的根本冲动。

我同样想告诉你，我想，有许多人并不这样认为。若他们能这样看，他们就会听从基督的告诫“不要恐惧”。而“你们这些无信仰的人”的确心怀恐惧，所以，富兰克林·罗斯福颇为感慨地说：“除了害怕本身，我们无需害怕。”

由此，我要更进一步地说：**除了改变本身，我们无需改变。**

今天，我比上帝更安静地醒来
我将自我伸展向天空
我以上帝的身体
爱抚着天体。

太阳，一整夜
都在等待我的双眼。

如今，我凝视着她
她升起来了，
神圣得像每一个塞王
每一个缪斯
每一个
上帝的身体。

海洋，也温柔地荡漾着浪花
等待，
我醒来。

甚至月亮，
甚至天空，
甚至寂静，
也在等着我苏醒，

温柔地亲吻那妙音，

同样，在

神的体内。

——《在神的体内》 埃姆·克莱尔

一切改变，不会无缘无故地发生

我希望你已思考过了第五大改变法则，而且，到目前为止，你从这本书中获得的信息和洞见，会让你觉得自己能够如接受前四大改变法则一样接受第五大改变法则。

我想说，若这里列出的九大改变法则中，有哪一个能够起到其他一切改变法则的效果，那么，这就是第五大法则。这是一个能够改变你体验方式的改变法则，甚至就在改变发生时。难道这这不是你想做出的改变吗？

我知道，你希望的是，改变事物已发生改变的事实！好像只有你可以改变已经发生了的一切，你才会重获开心。

但是，我要说：这样做并不会让你开心。

假若让事物保持原状就可以让你开心，那么，已经发生的根本就不会发生。

现在，你也许能够在境况刚发生改变之后做出另一个改变，这样，事物就可以恢复原来的样子，但是，它永远也不会和以前完全一样了。

要永远牢记这一点：你无法改变已发生的一切，因为它们已经过去，但你能够改变未来，这才是你的力量所在。

那么，你是希望改变未来，这样未来就会和过去一样，还是希望从根本上改变未来，这样它就会和过去截然不同？

为了对这一点认真考虑，你应该明白，改变并不会凭空发生，改变不会在宇宙中无缘无故地发生。改变不是一个任意的行为。它是一个声明：**有什么行不通了。**

你的生活中之所以会发生改变，是因为你的生活中出现了不和谐。当不和谐出现时，生命就变得运作不正常，而这与生命的根本法则（生命是可运作的、可适应的、可持续的）中的第一条法则相违背，并向第二条法则求助。

好吧，现在你或许会说："若任何事物的发生都是为了变得更好，我的意思是，若这的确是真的，那么，谁来告诉我，上帝的脑子里究竟在想些什么，因为在我看来，事情绝对不是变得更好了！"

我知道的，在我们通过卫星电视向全世界"网络直播"的"改变一切"工作坊中，和在一年两次的实地个人静修中，我会不断听到这样的疑问。而这个问题把我们带到了一个新的认识层面。

法则6:记住，一切改变都是为了让你变得更好

即使你接受了任何改变都是为了变得更好的观念，可你并不清楚这种新的环境、情形或条件比原来更好的原因，你并不理解改变的本质。

因为改变或许与外部情势无关，而和内部情势有关。你所没有看到的是，改变会发生的原因，以及是谁造成了这种改变。当你明白了这一点，并把它作为你生活的真相而接受它时，你日常经验中的一切便会再次，嗯，改变。

所以，我们会看到另一个事实的真相。做好准备。

你准备好了吗？

这是一个非常难以令人接受的真相，因此，请先深呼吸。好了，这就是：

改变之所以会发生，是因为你希望它发生。

任何改变都是朝着你所要求的方向改变的。

哇，这肯定不是真的！你会希望刚刚发生的事情发生的原因是什么呢？所有**头脑正常的人，都不会做出这样的选择！**你脑子里是否有一个声音是这样说（或喊叫）？

好吧，若你是在这么说或这么叫喊，这也是正常的。任何一个心智正常的人都不会选择让这类事情发生。

心智并没有做出这种选择，而是灵魂。

所有这一切让我们来到了下一个话题——灵魂的计划。

我们在一开始假设，你拥有一个灵魂，对吗？现在，我们要来看一看，我们为什么拥有一个灵魂。

你为什么拥有一个灵魂？灵魂的目的是什么？灵魂的功能又是什么？当你明白（或牢记）了这些，你之所以选择你刚才已做出的选择，原因就会很明显。

你灵魂的计划随着生命自身更大的能量静静地流淌。生命能量，总是流向协同、和谐、荣耀的展现和扩张，它寻求对自身的完整体验。

当我用人类语言来表达这种理解的时候，我听见自己这么说：生命能量永远流向我称之为“爱”的方向流动，对自我的爱，对他人的爱，对生命的爱。

你自己的个人能量也向着这个方向流动，你的灵魂与“宇宙的灵魂”始终希望、寻求和产生相同的东西。当你的心智对能量的流动造成妨碍时，情形似乎才不是这样，于是就发生了可怕的事情，你正在朝着错误的方向前进。

现在，我想拿一条基督教教义作为例子，来说明我在这里提出的观点。

《新约》告诉我们，耶稣及其门徒们一起来到客西马尼园，在那里，他要求他的门徒们坐下，等他回来一起祈祷。他说，他打算离开这儿，独自一人祈祷。

于是，他一人独处，感到身上有种巨大的沉重感，几乎重到要将其压死的程度。他知道在前面等着他的是什么，于是，他向上帝呼求：“天父啊！你是万能的！但愿有什么办法能够让这事发生，将酒杯从我的唇边移开……”

在这儿，耶稣的心智已经在干预，他试图改变事情发生的方向。但是只凭着他的意愿，他的振动马上就提高了。他说：“但不要随我的意愿，只照你的意愿成就罢！”靠着这几句话，他的灵魂又重新和宇宙的灵魂，或者，倘若你愿意，和上帝相连了。

只有一个一体大灵，不过，有着很多种表达。

一体大灵的这些个体化部分寻求协同、和谐、荣耀的展现和扩张。换言之，生命的一切形式所寻求的正是生命自身所寻求的。难道还有别的方式吗？

而灵魂与心智是两回事。你的“生命形式”不但有一个灵魂，也有一个心智（还有一个身体），它正是用这三位一体将自己全副武装起来来做你这里（这个物质世界）所要做的事情。

心智的工作是要确保身体，也就是你的物质装置或工具的安全，这样，你就可以用它来做你来这里要做的事。灵魂的工作就是要确保心智总是知道你来这里所要做的是什么，而不会陷于它自己信以为真的世界而难以自拔。

这就和陷于互联网中的虚拟现实相似。

我相信你一定知道，如今你能够通过互联网进入很多完整的“世界”，你能够在那里获得一个身份，活过完整的“一生”——长大，找到恋人，创业，买房子，建立家庭，体验成功、发财（或没有发财）……

你事实上能够在这些虚拟现实中创造一个完整的人生经验，与他人一起互动，签订法律协议……这一切真的很详尽而且错综复杂，但是，它们没有一样是真的。很明显，没有一件真实发生在你身上。它们仅仅是发生在你所创造的虚幻世界中的“你”身上。

对你的灵魂来说，这个世界的物质生活也一样如此。诀窍在于，不要让你迷失在心智虚幻世界中，而是要利用你的身体与心智来做你灵魂来这里要做的事。

我们现在都在这么做，只是，有些人是在有意识地这么做，有些人是在无意识地这么做。也就是说，他们并不知道自己在做什么。

我知道，这些内容或许一开始听起来有点儿过激，因此，或许应该在这儿休息一会儿，和刚才所谈的内容“相处”一会儿。尽量不要对它们进行判断或批评，仅仅是和它们一起休息，它是什么，就让它是什么。它仅仅是一个观念，一个人的观念，一个让你思考的东西，不是吗？

小休一下

一旦你准备好了，我们就继续。

平衡的问题

在客西马尼园，发生在耶稣身上的事也发生在我们每个人的身上。我之所以喜欢《圣经》中的这个故事，正是出于这一原因。

这个故事给我们所有人带来了希望，让我们知道，即使是耶稣，也不得不面对心智与灵魂之间的平衡问题，这样，他才能获得对自我的完整体验。

这就是我们在这场对话中所讨论的。我想让你看到，生命绝不是你所以为的样子，事物以其所发生的方式发生，都是有原因的，而且，你并非这种原因的受害者，相反，你是它的始作俑者。

要你接受这种观念会非常困难，除非你已清楚地了解了你自己的真正身份，你真正是谁，你为什么会在这儿经历世间生活，以及生命真正是什么，生命究竟是怎么回事。

若缺乏这样的一种理解，生命就不会有多大的意义，有了这样的理解，一切就都有了意义。

当它对你有意义时，你就不必再忍受生活中所体味的痛苦和挫折。改变会随处出现（它们的确会这样），但它们不再让你感到困惑，不再让你感到愤怒与悲哀。

你会改变体验改变的方式，这是由于，你已经明白了有关改变的一切，包括：

一切改变都是为了变得好，改变会发生的原因，是因为你希望它发生。

心智会对这种观念加以抗拒，但灵魂却在对其高声呼喊。这是因为，心智所无法理解的东西，灵魂知道。心智来自过去的资料，而灵魂来自永恒时刻。

永恒时刻，是我对此时此刻的称呼。它是唯一存在的时刻。除了永恒时刻外，没有任何别的时刻，尽管我们已创造了存在别的时刻的幻象。

我们创造这个幻象是有原因的。心智已把永恒时刻拆散成关于生活的信息碎片，我们将它称为资料。

心智将这些资料进行归类（因为这就是它的工作）。你的心智从它所谓的“现在”的体验中接收资料，并根据一定的标准将其储存在记忆中。这很有效，效率也很高，但是，有一点除外，你的心智对“现在”抱持的观念很狭隘，它的视角是极其有限的，这是设计使然。

倘若你的心智将所有的资料一次接收并处理完成，你就无法从中获得任何意义。这是由于相比于没有资料，太多资料甚至会更糟。

为了对永恒时刻的资料加以思考，让其变得有用（这资料关于你在这里做什么），这些资料就不得不一次一样来加以考虑。

这做起来能够非常快，实际上很迅速，但是，它仍然不得不一次一样、有先有后地做。换言之，一个时间一样资料。就算是这样，也不会考虑到一切资料，而有一些不得不分开来，这样，每样都会被分别加以考虑。正是因为这个，心智主动采取一种有限的视角。

在你自己的生活中，你就是这样做的。假如你觉得自己没法一下子接受那么多，你就非常可能会愤怒地对身边的人说："等一下，等一下！一样一样来！"

你的心智会自动这么做。所以，其视角并不能对事物的整体进行考虑，而仅能对整体的一部分加以考虑。同样，这也是设计使然。

就像我已经解释过的，你的心智是一个不可思议的系统，而且，重要的是，若你彻底理解了其运作方式，那么，它就能够替你工作，而不是与你作对。

现在，你的心智有一个受局限的视角，这一事实并不意味着你就是这样。假若你只是你的心智，这种说法才是正确的，但是，你远不止你的心智。这就是我要告诉你的一切观点的关键所在。

你远不止是你的心智，你也是你的灵魂。实际上，你最大的一部分就是它。

我不希望你觉得我是在指责你目光短浅、心胸狭窄，但实际上，你的心智是你自我的最小方面。其视角（为了强调，我再说一遍）是非常非常有限的，你很快就会认清这种局限的影响。

另外，灵魂没有认知的限制。它知道一切，看到一切，理解一切，它拥有作为生命体所希望拥有的一切。它拥有这些，因为它就是这些。

它拥有爱，由于它就是爱。它拥有和平，由于它就是和平。它拥有和谐，由于它就是和谐。它拥有协同作用，由于它就是协同作用。它拥有荣耀的展现，由于它就是荣耀的展现。它拥有这一切，还远不止此。它仅有一样东西没有，即它并没有对它们的经验。

这就让你的其他部分有了用武之地。

现在，我们就要来到这个关键问题的核心。我们就要深入灵魂的系统，了解其是怎样运作的。

灵魂在一个协同能量交换系统之上运作。生命中的所有都是在这样一个系统之上运作的，并由其所创造。当能量被转移时，它就会被转化。于是，它便成了形成中的能量。就像我前面描述过的，这种能量信息被拆散成零碎的资料。

在这场对话中，我创造了“永恒时刻”这个词，原因是我需要一个比“现在”更大的词语。永恒时刻所包含的要远大于心智所指的现在。永恒时刻包含了灵魂所指的现在，用心智的话来说，它包括“昨天”“今天”“明天”。

心智可以将任何“今天”提供给我们的资料收集。也可以在一瞬间回忆起有关“昨天”的储存资料。但是，心智有一点是做不到的，即收集其称之为“明天”的资料。

假若它能够的话，它就会看到：昨天、今天、明天的确就是一样的、合一的。

心智无法看到作为“现在”一部分的“未来”，这便是我们说其有一个很局限的视角的原因。

灵魂系统是这么一个系统，通过它，神性的个体，也包括你，能够从显现的真相（基于心智的受局限的视角）退回，在一瞬间看到实际的真相基于灵魂的无限视角），这一瞬间极其短，短到不足以对心智造成“破坏”，不过却长到足以为心智打开一个更大的视角。

我们都有过这么的“恍然大悟”，这种转瞬即逝的全然觉知，这种对整体的洞见。在这样的时刻，面纱被揭开，我们非常容易从显现的真相到达实际的真相。

这种即刻全知的目的，就是要让心智知道，存在着比其所知道的更多的资料，很多与生命有关的未知的与未体验的信息。

实际上，它们并非真正未知、未体验的，它们只是被遗忘了。灵魂的作用就是帮助你把所有你已知道的这一切记起来，但是，又不能一下子太多、太快，不然，就会“撑爆你的头”。这会毫无益处，这是由于你不但需要你的心智，也需要你的灵魂。这样，你才能以一种可以满足你来这儿的目的方式生活。

当你正在经历所有此时此地你还无法理解、无法享受的经验的时候，灵魂就会前来协助你，它让你的心智记起你这一生中还未经历的实际的真相的碎片（所以你并没有这种记忆）。它让你可以将自己的经验从扭曲的现实上升到看到的现实，然后一路向上，到达终极的现实。

你应该知道，甚至看到的现实也是一个很美妙的地方。大部分人并不是常常在那儿，更少的人可以留在那儿非常长的时间。事实表明，生活在看到的现实中是一种非常高的存在状态。在这种状态中，我们不会将任何事物扭曲，而是如其所是地看待所有世间事物，这可以在许多时候让我们免于恐惧。

从想象的现实到达看到的现实，这是一个非常大的进步。从看到的现实到达终极的现实的转变，常常更快一些。当你的意识停留在终极的现实的时候，你心智的局限视角就会得到难以置信的打破。

你会因此超越现在的信念，到达一个不再需要信念的地方，取而代之的是绝对的知晓。问题在于，你能够将这种视角保持多长时间，并依然以你所必需的方式对你的日常生活进行处理，以达成你的人生目标。

可以这样做的人就是那些“活在世间而不属于世间”的人，我们将其视为大师，把他们当做神的化身，并希望以他们为榜样。可是，直到现在，我们甚至连他们做了些什么都不知道，更不用说知道他们是怎样做的，而这，正是这场对话的全部意义的所在。

要知道，如今
情况似乎稍有不同。
并非漫天的六月飞雪。
并非“霜冻提前”或“盘桓不去”。

这种不同
会点染灵魂。
它会用上帝的每一种新色彩，
将一抹纯真留下。
一旦你已深深凝视，
也被深深凝视，
你便会清楚，
没有什么，
还会是其本来看上去的样子。

你就是
每一位基督，
每一位女神，
每一位佛陀和婆罗门——
每个人之心。

——《现在情形会有所不同》 埃姆 · 克莱尔

改变人生的四个问题

为了让你可以改变你对改变为什么会发生的想法，你就不得不改变大脑中的关于你是谁、你在哪儿、你为什么会在这儿以及你在这儿想要做什么的想法。

在这场谈话中，这些话题，我们已经谈论有一段时间了。这些就是我所说的生命中的四大根本问题。大部分人从未就这些问题问过自己，更不必说回答它们了。

我相信，假如你想拥有幸福美满的生活，问这些问题是至关重要的，因为你的视角可能会因这些问题的答案而发生极大的改变。

此外，还要注意的重要一点是，这些问题的答案中不存在哪个是“对的”。

也就是说，不管让谁来回答这些问题，他们的答案都是“对的”。在一个“现实”是创造出来的而非看到的世界里，就其本质上说，没有人是错的。

我刚才所说的有几点非常重要，我可以再回顾并深入谈一下吗？

我刚才说，我相信假若人们想要拥有有意义的人生，就不得不问自己四个根本问题。我刚刚说，人们怎样回答这些问题并不重要，仅需对这些问题给出自己的答案，他们的生活就会变得更有意义。

我刚刚指出，这是由于现实是你创造出来的，而非你看到的。最后，我说所有人对一切的看法都是正确的。

这些声明都与一个东西有关：视角。而当一切改变时，改变一切的关键就是，视角。

我认为，这就是这本书最大的信息。实际上，这或许是这本书唯一的信息。实际上，我们所进行的整场对话能够浓缩为一句话：**视角就是一切。**

假若这是真的，那么，假如我们想要改变自己体验改变的方式，最重要的问题就是：我们**怎样才能创造并改变我们的视角？**

本书一直在努力回答这个问题，我们首先对心智的运作机制进行了探索，现在又在对灵魂的系统以及**灵魂所要经历的旅程进行深入探索。**

长期以来，心智的问题与灵魂的问题始终是分开的。许多人都认为，我们物质的世界是一回事，精神的世界又是另一回事。这就如同是政教分离的个人翻版。可是，在一个周围的一切都在迅速变化的世界里，我们再也不能这样将它们割裂开来处理我们的生活了。

我在之前说过：当一切改变时，改变一切。我也说过，若我们想应对飞速变化的未来，就不得不改变我们体验改变的方式本身。

我是说，要做到这点，我们就不得不采取一种整合的生活方式。即，我们不得不理解并让这种理解发挥作用。对于我们此时此地怎样展现生命，我们灵魂的活力、洞察力和体验，和我们心智的活力、洞察力和体验，一样重要。

实际上，心智与灵魂并非分开的，而是作为完整的存在合力运作的。而我们并未有这种体验（假如我们确实没有这种体验的话）的原因在于，我们对这一无所知。在我们的成长阶段和以后的人生中，没人花时间告诉我们，这一切究竟是怎么回事。

等下。这仅仅是泛泛而谈，实际上，这并不是真的。

许多人都花时间来向人们解释错综复杂的生命，只是我，或许也包括你，没有花时间去倾听。不过现在，我们都在倾听，因为我们生活中所发生的事要求我们这样做。

我们日常生活的境遇，正在迫使自己寻求答案和方法，以使我们的生活变得更高效，充满更多的欢乐，更有价值，更有意义。所以，我们有了这样一个崭新而现代的解释。我一路来到这儿，你也一路来到这儿，的确，我们已一路来到这儿。

或许，现在是一个好的时机，让我来告诉你，我是怎样一路到达这儿的，我是怎样得到这个信息的。这样，你就会对我在这里和你分享的一切有一个更多的了解。

或许你知道，我已以《与神对话》为题，写了一系列书籍。这些文字都基于我从一个超越我自己心智的来源收到的信息。

这个来源被我称为“上帝”。而且，当他和我们交流时，他会采取许多方式，而不只是直接对话、灵感、开示。

我因为这种非同寻常的经验而接连写下了三本书。接下来，我发现自己无法停下来，因为“流经”我的信息并不曾停下来，而我也希望与大家分享这一切。所以，在写完最初的三部曲之后，我又写完了六本书。而这九本书中的六本都名列《纽约时报》畅销书排行榜，第一本书的上榜时间长达一百三十五周之久！

我并不是在这儿自吹，而是在这儿和你分享。我想让你知道，大约有八百万人看过了这些资料，它们被翻译成三十七种不同的语言，这意味着，许多人已向另一种看待生命的方式、体验、表达和创造自己现实的方式敞开胸怀。

你要知道，《与神对话》的材料并不是想让人们接受我自己的真理，它只是希望人们可以敞开胸怀，去接受他们自己的真理。

我之所以说这些，无非是希望你能了解，用我们在这儿谈论的方式来对你的人生进行认真的审视，并不是“疯狂的”（数以百万计的人们已这样做了），而且，你也无需孤身一人苦苦应对你人生中的改变和挑战。

就我自己而言，我从未宣称，也绝不会断言：我已出版的信息绝对准确，或就是“上帝的真理”。

我仅能宣布，我已尽己所能，将通过我这个并不完美的过滤器所接收到的信息传播出去。并且，虽然我对它们的理解和表达并不是完美无缺的，但它们还是让我受益无穷，让我更大地扩展了觉知，得到了一种奇妙而强烈的生活经验。

然而，当我与大家一起分享时，我邀请——事实上，我鼓励所有人，都对其加以评估，然后听取他们内在自我觉知的声音。实际上，若我的经验发挥了什么作用，我希望它已产生了这样一种结果：世界各地越来越多的人正在深入内在，触及深藏在我们所有人心中的智慧和真理之源。

有了这样的一个了解，我现在想邀请你评估一下更多的“东西”，即人生的四大根本问题。我认为这是我平生所做过的最重要的探索。

小休一下

若你准备好了，我们就继续。

现在，请你回答

当我回答了以下问题，我的生活发生了巨大的转变：

1. 我是谁?

2. 我在哪儿?

3. 我为什么在我所在之处?

4. 我在这儿做什么?

其实，我并未回答这些问题。我只是问了这些问题。我深入内在的智慧之源，并提出了这些问题。以下，是我得到的回答。

1. 你是“上帝”的一个个体。仅有一个整体，万事万物都是其的一部分。生命就是“上帝”在表达它自己。你是生命的一部分，所以你也是“上帝”的一部分。这种说法是错误的唯一可能是：生命与“上帝”是分离的。但是，这是不可能的事。

2. 你生活在一个物质的世界，这个世界其实是你所谓的天堂的一部分。悲哀的是，你并不认为自己身处天堂，因此你想象的现实是，你不得不前往天堂。事实上，要体验到天堂，你不用做任何事，你不用成为任何人，你不用去任何地方。

仅仅仰望星空，或眺望浪涛翻滚的海洋，或注视黄昏或黎明的天际，或凝望你爱人的双眸。你已置身天堂，而你将它说成是别的什么，你表现得就如同它是别的什么，因此你当然会用它来创造别的什么。

三种现实中有三个世界，物质世界是其中之一，你会用不同的名称来称它们，包括：天堂、天国、极乐世界、死后世界、“上帝”的王国，等等。另外两个世界是：灵魂世界和灵物世界。

灵物世界是物质世界与灵魂世界的交界之处。我们可以将这三个世界想象成一个横躺的“8”字图形。

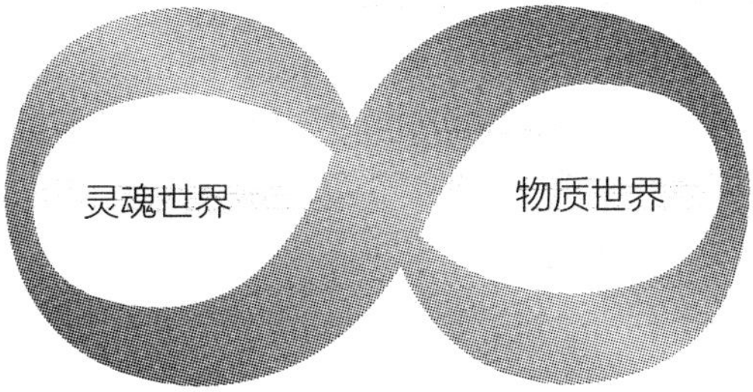

你的完整存在就是一个由灵魂世界到物质世界，然后又再回去的永恒旅程，灵物世界就是这两个世界的相交之处。

这个图示是一个简单的图形，它能够帮助我们的心智理解无法实际看到的、存在于人类经验之外的资料。横躺的8字，也是国际通用的象征无限的符号，这绝非巧合。

在灵魂世界，一切都以绝对的形式存在，而在物质世界中，事物是以相对的形式存在的。在灵魂世界，任何事物完全就是其本来的样子。在物质世界中，一样东西就是其所是的，相对于其他所不是的东西。

所以，在灵魂世界并不存在大与小之分，仅存在于物质世界中。同样，这儿和那儿，并不存在于灵魂世界，仅存在于物质世界。现在与过去，快与慢，男与女，上与下，光与暗，善与恶，爱与恐惧……这一切都不存在于灵魂世界，仅存在于物质世界。

在灵魂世界，永远是此时此地，仅有光与爱。所以，我们可以为这些世界重新命名，用绝对世界和相对世界称呼它们。

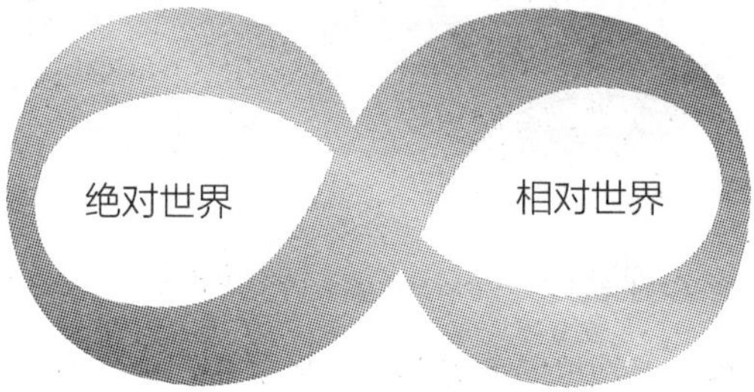

在绝对世界，你完全知道所有。但是，你无法体验你所知道的，因为那里没有其他。比如，你能够知道你就是爱，但是，你无法体验到你就是爱，这是由于除了爱以外，没有其他。

你能够知道你就是光，但是，你无法体验到你就是光，这是由于，除了光以外，没有其他。

你能够知道你就是善，但是，你无法体验到你就是善，这是由于，恶并不存在。

这儿有一个准则：**没有了你所不是的，你就不是你所是的。**

这就是说，它无法在你的经验中成真。你能够在观念上知道你自己，但是，你无法在经验上知道你自己。你能够用一种特别的方式想象你自己，但是，你无法用这种方式体验你自己。这是由于除了你所是的之外，没有其他。

这就是“上帝”的难题：“上帝”怎样才能体验其自身？

答案是：通过成为其所不是的。

除非它不是“上帝”（也就是不是其自身的全部），神才可以理解自己是宏伟壮丽的，但是，“上帝”无法体验其自身的宏伟壮丽。那么，原因是什么呢？原因在于，在绝对世界，仅有“宏伟壮丽”，没有其他。

“上帝”可以理解其是伟大的、无止境的、永恒的，可是，这些概念毫无意义，这是由于没有什么不是“伟大的”“无止境的”“永恒的”。“上帝”能够理解他是万能的，可是，“上帝”却无法在一个除了万能之外，没有其他的环境中体验到自己的万能。

因为“上帝”除了在观念上了解其自身之外，还希望同样在经验上了解其自身，因此，上帝在天国（或者，若你愿意，在终极的现实）将一个地方创造，在这儿，上帝的一切，不但能够了解，也能够体验。

为了这样做，“上帝”将其自身分为无数个不同的部分，或其自身的不同的方面，被创造出来的每一部分的大小形状、色彩纹理、速度声音、可见与不可见的层次各不相同。

于是，整体的每个部分（也就是“上帝”的一切个体化的部分）就能够回顾其所源自的整体，并说：“奥，我的“上帝”，你是多么宏伟壮丽啊！”而这一切，仅需这个特别的部分具有足够的意识（自我认知）来这样做。

所以，在“上帝”把其自身分成无数的个体化的部分之后，仅需向其中的一部分注入足够的意识，当它看着“上帝”时，它就会认出来。

并不是一切人类都已上升到这一意识层次。“上帝”建立了一个系统，即灵魂的系统。其自身的个体化部分可以通过这个系统上升到这样的层次，这个系统就称为进化。

现在，你了解了心智的运作机制以及灵魂的系统。不过，有关这个系统，你还有更多的信息需要了解，你很快就会知道。

因此，我们看到，绝对世界（也称灵魂世界）是一个知道一切发生的地方，而相对世界（也称物质世界）是一个体验一切会发生的地方。因此，可以说，灵魂到达地球，是为了得到一个经验的世界。

所以，我们给“上帝”王国中的这两个世界另一个名字：知晓的世界与经验的世界。

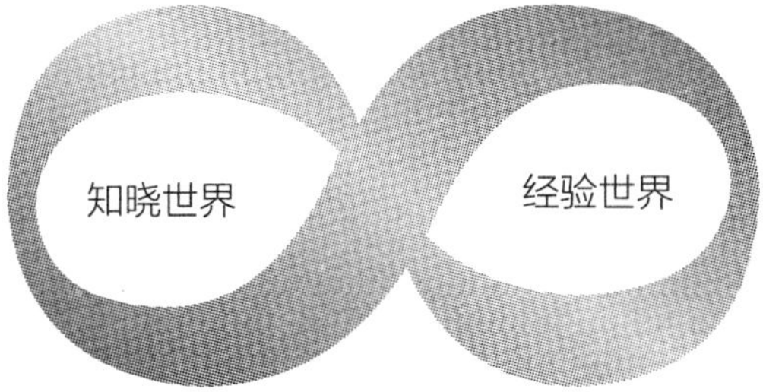

无论你选择这三种名称中的哪一种，你都没错。这些名称可以互换的，我们用不同的名称来称呼它们，这样，我们就能够用不同的方式来理解终极现实，从而理解不可理解的。

然而，有人会说，终极现实还有一个世界，你还记得吗？我们在之前说过，首先是灵魂世界，然后是物质世界，在它们相交之处有一个灵物世界。

当然，这是我自己发明的字眼，这是由于，在目前的人类语言中，还没有哪一个能够用来说明这个世界的词语。这个世界并非其他两个世界会合的地方，而是一个空间，从这个空间中生出其他两个世界。这个世界的本质，用人类的语言非常难以确切地描述，可是，假若我们用第三种名称，也许能够更接近些。

在我们用第三种名称时，我们将“上帝”的王国的三个世界称为：知晓的世界、经验的世界和存在的世界。横躺在8字交叉点上的是存在的世界，这就是当你跨越生死时所经过的地方。也就是在你由物质世界进入灵魂世界时所经过的地方。

这个中间地带，就是纯粹的存在发生的地方。

对吗？你可以明白吗？你是否开始看到一幅更大的画面？

现在，你或许会问："这是什么？纯粹的存在究竟是怎么回事？"我的回答是，在纯粹存在的空间，你既知道，又体验到了你真正是谁。这种不但知晓，而且又体验的情况，正是"上帝"所渴望的。

但是，天堂并不局限于此。整个过程都是天堂，而这个过程的神奇的地方处就在于，你的完整存在能够在这一过程中的任意时刻处于全然的喜悦之中。

这个交叉点之所以存在，只是为了确保神性的所有个体化部分永远不会失去这种感觉，让纯粹的喜悦得到保证。

这就是你"跨越死亡"（而死亡事实上并不存在）时，以及再生（你下次重新进入物质世界）时所体验到的。

你看，事实上，终极现实就是一个圆环，一个完整的圆。生命能量在这个圆环中运行，直到永远，这就是生命之环。

最初的时候，"上帝"曾是这个圆环，完全作为圆环，在圆环的所在之处。当“上帝”把自身个体化，其就将他的个体化部分送往一个围绕这个圆环的旅程。这些微小的零碎片段运行得如此之快，快到了它们好像无时无刻无处不在。就好比一个转得飞快的轮胎，看上去就如同一个静止不动的轮胎一样。

因此，生命之环同样通过创造一个由运动着的部分组成的实体来复制“上帝”的永恒和无处不在。

通过将其自身分成无数个这样的小部分，任何一个部分都可以回头看到整体，于是，突然就有了一个可以看到整体的宏伟的背景，并因此了解“上帝”。

而所有的个体化部分怎样能知道自己就是“上帝”呢？这是一个问题！当每一个个体在生命之环中奔跑时，它怎样知道它真正是什么呢？看到它的其他部分，它会知道它们就是被分成单独部分的它的其他部分吗？

弄知道这点，这个个体化部分就不得不可以完全体验到“上帝”的至乐，因为通过生命之环，“上帝”现在能够同时知道与体验其自身，这确实是一种喜悦。但是，怎样才能确保任意一个个体都会进入这种至福状态呢？

这是一个让人头痛的问题。为了确保这点，于是“上帝”把自身的这个环扭曲成一个如同数字8一样的形状。这样，假如从圆环的两面都能到达圆环上的任意一点，那么，“上帝”的完整存在就能够在这一点上被“上帝”的每一个个体所知道和体验到。

你明白了吗？你现在明白了吗？

神性的每一个个体化方面，通过无尽的生命之环在它的旅途上旅行，在这个圆环的任意地方，既能够知道，也能够体验到它自己真正是谁。你现在就能够这样做，在你一生中的任一时刻。已有人这样做过了，大师们已这样做过了。大师们被称为“大师”的原因，是由于他们已经知道自己就是“上帝”。

他们中有些人甚至这样自称。而当你与那些并不知道他们自己的神性的人一起旅行的时候，你称自己为神，你就可能会冒犯他们。他们甚至有可能会将你钉死在十字架上，他们一定会离开你，就算你展现的，正是他们所渴望的与体验的。

你明白吗？你现在明白了吗？

在你现在的生命之环中，当你来到这个“穿越点”的时候，你就会知道作为完整的真正的你所可以体验到的喜悦。你还会做更多，你会考虑，怎样进一步扩展你自己，你会选择接下来你希望了解的、体验的和成就的，这是由于，生命是一个持续的自我再创造的过程。

这就是“上帝”所从事的工作。

经由自身的任一一个个体的改进和转变，“上帝”就是这样做的。实际上，在由一个世界到另一个世界中，在灵魂的永恒旅途上，你在做着完全同样的事。你或许并不知道这一点。当你确实知道了，认识到你真正是谁，在哪儿，以及你为什么会在这儿时，你的意识就会进化到足以从事“上帝”的工作的层面，而不仅仅是去完成作为人的任务。

我在前面告诉你，显现的真相与实际的真相是不同的，我指的就是这个意思。而所有这 切，给我们带来了回答第二个和第四个根本问题的答案。

3.你在你所在之处的原因，是由于在灵魂世界，你完全能够知道你是谁。但你无法在相对情形中体验到你是谁，所以，你冒险进入物质世界，这样，你就能够获得一个“经验的世界”。

4. 你在物质世界所要做的，就是使用只有在物质世界才有的工具或装置（顺便说一下，其中包括你的身体），来获得你在灵物世界中想要的体验，然后，你就可以了解灵魂世界中的自己。

自我创造和再创造，由三个步骤组成：选择、知道与体验。你无法体验你所不知道的，你无法知道你不选择去知道的。这真的很简单，而这个模式设计精美。

这就是灵魂的系统。这就是你是谁，你在哪儿，你为什么在你所在之处，以及，你在这儿干什么。

我即我，
以及更多：
光，声音，活在人间的神。

我可以将翅膀上的每一根羽毛，
每一种色彩，
向你展示。但
我即我，
我想爱
任何尚未被爱的人。
任何尚未认识的事物。
任何尚未经验的生活。

还有这么多的爱，
想去寻找，
只要
在人间，活出神。

——《我即我》 埃姆 · 克莱尔

视角就是一切

当然，我刚才告诉你的一切，仅是我的视角。没错，我从我自己和上帝的对话中获得到了这样的视角，不过，这并不会让它比任何其他人的视角更正确、更有效。

当你对自己内在的智慧之所进行探访时，你的对话非常可能会让你获得一个完全不同的视角。

若仅存在一种真相，那怎么可能？不只存在一种真相，一切真相都是主观的。真相并不是你发现的，而是你创造出来的。真相不是你看到的，而是你产生出来的。

我们从量子物理学得知，被观察到的一切都会受到观察者的影响。这种科学论断中有着巨大而强有力的洞见。这就意味着，每个人都看到了一个不同的真相，这是由于每一个人都创造了他所看到的。

花点时间想想这点。

实际上，让我再说一遍，这样，你就会真的明白这点。科学，而并不是灵性信息告诉我们：

被观察到的一切都会受到观察者自身的影响。

换言之，**你从何处观察，决定了你观察到什么**。

好像上帝是在创造上帝对上帝的体验……通过它的个体化部分。所以，生命的四个根本问题并没有“正确答案”，仅有你的答案。

话虽这样，让我再补充一点，我坚信，假如你想要改变你人生中某些让你再也感觉不到喜悦的地方，包括改变你对改变本身的体验，若你想要过一种有益的、有价值的生活，你就必须回答这些问题。

生命的美妙之处在于，我们不但不必对人生最重要的问题给出相同的答案，也无需一直坚持同一个答案。只要我们愿意，我们随时都能够改变我们的心智！

假若一切改变，你希望改变一切，那就改变你对改变为什么会发生的观念。这就是第六大改变，这是一个能够将一生改变并将现实转变的改变。

我的观点是，改变之所以会发生，涉及到你真正是谁，以及你为什么会在这儿。

我是说，改变会发生的原因，是由于你希望它发生。

我是说，你希望它发生，是由于在你灵魂进化的过程中，你在不断选择完美的人物、地点、情形，来体验你接下来想要体验的经验。

我是说，你的世间生活要比你任何时候所梦想到的更丰富。它是决定、创造、表达和体验你真正是谁（而非你以为你是谁），它是在每一个金色的当下重新再创造你自己，成为你所抱持的最宏大梦想中下一个最宏大的版本。

我是说，假若你意识到你真正是谁，你完全有力量做到这一点。我是说，假若你是神性自身个体化的一部分，你就有能量创造你自己的人生经验，并创造你自己的现实。

我是说，在你人生中的每一天，你都有机会这么做，运用心智的运作机制来决定你想要怎样做出回应，并因而体验发生在你身上的每一件事，同时利用灵魂的系统来选择一个做出回应的视角。

我是说，**视角就是一切。**

我是说，唯有灵魂的系统才能完全有效地创造你的视角，因为唯有你的灵魂才知道现在所发生的一切；你的灵魂也知道时间之中的每一刻，因为唯有灵魂才可以涵盖时间中的任一刻。

我是说，心智本身并不能用这种扩展的觉知来看待此刻，因为心智在它分析此刻时，受到过去的资料的限制。尽管它努力尝试，但它无法跳出这只盒子，但你能将来自于更大视角获得的新资料放进这只盒子。

我是说，将这种额外资料提供给心智，这正是灵魂的工作，你的这个神圣的部分会不顾一切地这么做！它会利用它所需要的一切装置、工具、情形、人、东西来唤醒你，唯有灵魂才知道，此刻就是为了带给你一个表达神性某一面向的机会。

我是说，若你仅用心智来应对日常活动，没有灵魂的合作，那么，你就会将因果线切成两段，严重限制作为真正的你做出回应的能力，更谈不上去成为你接下来想要成为的人了。

你一定记得我说过，心智有一种很有限的视角。我要申明，这完全是出于设计。这并不是一个“缺陷”，而是一个精致的计划，允许局限的生理装置（头脑）去理解终极现实的无限的、形而上的表达。

你局限的心智一次仅能处理一种资料。若它一次将生活中的所有资料都接收，它就会无法准确地处理资料。在临床上，医生会认为你发疯了。所以，为了让头脑作为一个有用的工具，你的完整存在已确保它所知道和了解的一切会被零散地灌输给心智。

好吧，这些需要好好消化。现在，在你被灌输更多资料之前，或许我们能够在这儿停一下。

做个深呼吸

很好。现在，当你准备好了，我们就继续。

延长因果线

我在这儿多次提到一个新的身份，不知道你是不是注意到了这点。我已好几次提到了你的完整存在，就如同它自身就是一个实体，而且在某种意义上，它的确是。并且，你应该了解这点，因为这种认识就是“当一切改变时，改变一切”的核心。

你的完整存在，即你的心智、灵魂，以及你的身体，它是由你的过去、现在和将来三个部分组成的存在。身、心、灵共同主宰你，这是神圣的三位一体，它就是大写的你。

现在，还有一点和怎样改变一切有关：生命的过程与学习无关。

每个人都说："人生是一所学校。"嗯，或许它是一所学校，不过，它并非你在其中努力学习未知的知识的学校。它是一所学校——你有机会在这儿回忆起你已知道的。

就严格的意义上而言，你根本无法学习任何东西，这是由于你来到这儿（世间生命）之前，你已知道为了做来这儿要做的事所需知道的一切。

因此，你心智的任务就是创造经验来让你"忆起"你来这儿要回想起来的事。这样，你就可以体验你来这儿所要体验的经验，而你的完整存在的这个部分（我称之为你的灵魂）在和你的心智及身体一起共同创造这种经验。它与心智一起安排完美的人物、地方和情境来让你做你来这里所要做的事，也即进化。

你的灵魂也和你的身体、心智协力工作，为的是让你知道，它正在做这项工作，以及怎样去做。它是你的向导、指路人、帮助者，助手，也是你和神性的联络人。

你的灵魂，即你和上帝的联结。

显而易见，上帝即你的灵魂。所以，你的灵魂是上帝的一小部分和上帝的整体的联结。在你的完整存在继续在进化的大道上前进时，它完全知道你的心智接下来要去什么地方，这样，就可以记起它接下来所要记起的东西。

你想，你会在读这本书的原因是什么呢？

我在之前说过，我将与你一同探讨心智局限的视角怎样对你的现实造成影响，以及明智的做法就是每天花时间和你的灵魂联结。这样，灵魂和心智就能够在日常生活的道路上携手并进。

现在，你应该知道了。最为重要的是，要每天花一些时间和你的灵魂联结。

这样，就可以运用灵魂的系统，因为灵魂给心智带来的视角更为广阔，而视角有着巨大的力量。实际上，在创造现实的过程中，这是最强有力的因素。

我不知道你是不是真的听到了，它是不是对你产生了任何影响。我们已说了这么多，说得这么快，有时非常容易忽略细微的地方。让我再说一遍。

在创造现实的过程中，这是最强有力的因素。

对，我已多次提到这一点。我想起了那首老歌，有一句歌词是这样的：

“吻我一下，吻我两下，然后再吻我一下。时间已过了这么久。”

我想将其改成《灵魂之歌》:

“告诉我一遍，告诉我两遍，然后再告诉我一遍。时间已过了这么久。”

自从你完全知道你是谁、你为什么会是你，时间已过了这么久。自从你身处那个全然知晓的所在，时间已过了这么久，时间一年又一年地过去了。因此，我现在在这儿告诉你一遍，告诉你两遍，然后再告诉你一遍。因为，现在到了你完全记起来的时候了，到了你再次成为上帝之躯一分子的时候了，这是一个重新忆起的过程。

通过提升你的意识，扩展觉知并唤醒心智，一次一样地将资料接收，你就可以完全记起你是谁。具体如何做?继续往下读。我会告诉你的。不过首先，这儿是最后一点资料第三次向你呈现:**视角就是一切。**

由于心智的视角很有限，因此，死抱着心智不放，仅用心智来了解生命，这对你并无好处。可是，大多数人都是这么做的。极少有人天天与他们的灵魂沟通。

当人们沉思生命时，他们会将自己的灵魂排除在外。可是，正是灵魂，而非心智，拥有更大的视角。而**你唯有以灵魂的视角才可以完整地理解生活，从而改变生活。**

灵魂会告诉我们，正是视角创造了认知，认知创造了信念，信念创造了行为，行为创造了事件，事件创造了资料，资料创造了真相，真相创造了思想，思想创造了情感，情感创造了经验，经验创造了现实。

还记得我在之前提到过的因果线吗？它是这样的：

事件+资料+真相+思想+情感=经验=现实

现在，我要告诉你，我之前只是向你展现了这条因果线的一部分。那时，我还不想一下子将太多的资料灌输给你。我知道，当我接收到这些资料时，我根本无法一下子全部接受这些。我的意思是，我当时不会“明白”它。我肯定会说：“太多了，太多了！一下子太多了。我接受不了。”

一体大灵知道这一点，因此，我分两部分来完全理解这条因果线。因此我认为，我最好以相同的方式把它呈现给你。我希望这不会有什么问题。

因此，以下即关于因果线的更多资料。这条线更长，它是这样的：

视角+认知+信念+行为+事件+资料+真相+思想+情感=经验=现实

我相信你可以读懂。这条更长，更完整的因果线向我们表明，先于已发生的事件是什么。

我们的行为造成了我们生活中的事件。我们的信念造成了我们的行为。我们的认知造成了我们的信念。我们的视角造成了我们的认知。

而灵魂于是在这里登台。

正是灵魂，可以扩大心智的视角，超越心智目前所掌握的资料的局限。灵魂可以做到这点，是由于灵魂有着非常高的觉知水平。灵魂的觉知源于灵魂的意识层次，灵魂的意识层次源于灵魂的存在状态，或者说，在何时何地都与万物合一的状态，这就是实际的真相和终极的现实。

有许多方法可以让你暂时避开心智，即刻和灵魂相连，甚至在你的身体中也可以体验到和万物合一的状态。

现在，我们要将这条因果线列成一个竖式，这是由于这才是它的真实面目。当你完成了这个探索，你就会明白因果线上的一切——从头到尾。

它是这样运作的：

存在

意识

觉悟

视角

认知

信念

行为

事件

资料

真相

思想

情感

经验

现实

从纯粹的存在流出意识，从意识流出觉知，从觉知流出视角，从视角流程认知，从认知流出信念，从信念流出行为，从行为流出事件，从事件流出资料，从资料流出真相，从真相流出思想，从思想流出情感，从情感流出经验，从经验流出现实。

当然，宇宙中没有直线。一切都会自我弯曲。所以，这条线是一个圆，假若在这个环路上它没有中断的话，存在就会导向终极现实，因为这就是它从中产生的现实。

在物质世界中，每一件事都发生在我们称为“时间”中的“一瞬间”，一些这样的瞬间能够在一只时钟上画出来。你能够将你的灵魂想象成正在经过这样的瞬间，“不停地绕着时钟”工作，为你带来关于你真正是谁的最丰富的经验。

你在这只宇宙钟上每走“一小时”，你就会与“存在”远离一步，这样，你就能够回到“存在”，再次知道并体验它。通过经历这只时钟上所描述的每一步历程，随着时间的推移，你就能够创造你自己。最终，你会来到“十一点”。这样，你就“度过了一天时间”。

好，现在，和我一起跟着这只“时钟”走……

假若你不记得你最初的视角（也就是灵魂的视角），你能够持另一种认知，认知会产生信念，信念会产生行为，行为会产生事件，事件会产生资料，资料会产生真相，真相会产生思想，思想会产生情感，情感达到高潮而成为经验，经验让你最终来到十一点钟，让你身处一个扭曲的现实。

所以，问题在于你怎样才能记起最初所持有的视角？答案是，通过运用灵魂的系统。心智的运作机制永远都不会将你带到那里，原因很简单，你最初的信息并未存储在你的心智之中。

心智只有在生物化学上成熟到一定程度才可以进行收集资料的活动。所以，你的心智所储存的资料，仅包括肉体在世间探险的资料（我可以补充一下，包括出生前后）。任何或许会突然进入你此刻知觉中的其他资料，要么来自你的身体细胞（如前所述，身体的细胞记忆），要么来自你的灵魂，它知道并了解一切。

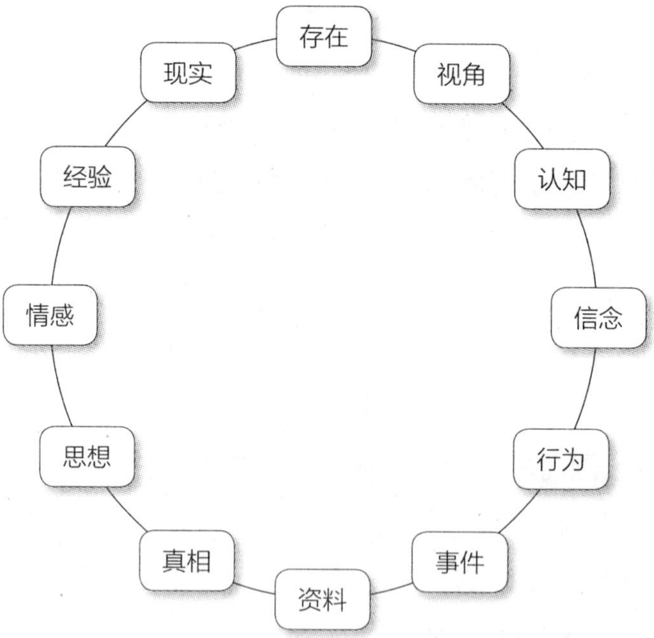

这就是我建议你深入内在的原因。因为就像《与神对话》中

所说："若你不进入内在，你就会一无所获。"我一直在和自己的灵魂联结（全世界许许多多的人都在利用各种不同的技巧这么做，我稍后会为你提供与灵魂沟通的具体方法），并且，我已很清楚地知道：只有一个一体大灵，我的灵魂是它的一部分，而这个灵魂的系统非常简单。

我从这个源头了解了事物改变的原因，我再重复一遍：**改变会发生的原因，是因为你希望它发生**。任何改变都是朝着你希望的方向在改变。当你在灵魂的进化过程中一路向前时你希望它发生，因为你在不断做出选择，选择完美的人物、地点和情境，来体验你接下来想要体验的经验。

改变怎样让进化向前迈进？你对发生在你生活中的改变的回应，就是你对这个问题的回答。

所以，它就是这样运作的：生命总是可运作的。当它的任何方面（任何人、地方或事物）开始不起作用，生命就立即会探测到这一能量的转变，并进行适应。这种适应确保生命仍然是可持续的。当生命通过其新的、改变了的形式维持它自身时，生命就会又一次变得可运作。

当已发生的改变即将造成系统的不稳定的时候，作为生命（上帝）的一小部分，你就会选择要改变的事物。你的灵魂早在系统中的不稳定因素产生任何负面影响之前，就能够检测出这种状态，这正是它的工作。

感觉到不稳定开始发作，就如孩子的陀螺一样，旋转得越来越慢，灵魂就会将心智唤醒。心智于是与灵魂一起积极共同创造（并与系统中一切其他能量一起）改变（适应）来保持事物按最佳速度运转。

这就是我为什么会在前面说：生命通过其自身的过程来讲述生命。

你说你是谁，你就是谁；你说你的经验是什么，你的经验就是什么。这也许是生命的最大秘密之一。

第六大改变，就是要改变你对改变发生的原因的观念。它呼唤你去拥抱一个新的观念：生活中的改变既不会是随意的，也不会毫无道理，而是在灵魂的系统中进行的很复杂的调整。

你要知道，你的灵魂在这儿有其使命。它并没有突然发现自己在这儿，也不是毫无目的毫无理由毫无作用地让自己置身于此。它完全知道它是在做什么，而你的心智和身体，以及你周围的世间生活，都是它（与一切其他灵魂）这样做的工具。

生命想以一个永恒的恩典，
向我们祝福。
每个人是否被这只慷慨之手抚摸过，
我们每次都能获得
一重或多重的解放。
你是幸运的，
你已清楚灭绝。
然后，被带回，
我们所寻求的
爱中。
你也清楚
纵然是灵魂，
哭泣，
还是刺穿了你的的胸膛，
整个宇宙，
与爱共同
颤抖。
在这一切之所在，
最终，
再也没有
崩塌的
地方。

——《永恒的恩典》 埃姆·克莱尔

把灵魂带入生活

这将我们带到了九大改变法则中的下一个法则，这个法则会让你不但专注于此刻正在发生的事，而且还专注于即将发生的事，并由此推动灵魂的进化过程。

你肯定还记得，灵魂系统是一个能量系统。这些能量作用于自身，也就是说，它们的作用是循环的。正如人们常说的：去了又来，来了又去。

这是对被我们在之前比作时钟的因果线的另一种说法，这就将灵魂系统与心智的运作机制联结在了一起。

假若你不知道它们是相连的，你就会只注意到一个，而看不到另一个。你就会始终百思不得其解，完全与你的物质世界脱离，或者，你会始终围着石磨打转，与你的灵性现实完全脱离。

不管是哪种情形，你都会在时钟的最后一刻，创造并体验一个扭曲的现实，而不是终极的现实。

你会发现，你甚至非常难跳到看到的现实，这真是太糟糕了，因为就算是看到的现实，也是一个非常特别的地方。大部分人并不能经常来到那儿，更少有人可以长时间停留在那儿。

所以，生活在看到的现实中，已是一种很高的存在状态了。在这种状态里，我们并不歪曲任何事物，只是以人类的眼光（假若不是以灵魂的眼光）看到一切的原本面目。你基本上是退出了你的“戏剧”，和你的故事远离，这可以让你有很多时间免于恐惧。

我在“改变一切”工作坊中所创造和运用的练习，给学员们提供了一个这样做的机会，可以在非常短的时间内从扭曲的现实来到看到的现实。我要说，它能够让你在七分钟内从哭泣转为欢笑。

接下来，我们会更进一步。我们会将学员从欢笑带到觉知的喜悦，这是一个全然不同的幸福层次。你不但能够摆脱恐惧，而且还可以把它转化掉。恐惧(fear)变成了这样的缩写：

F-E-A-R=Feeling Excited And Ready

（恐惧=感觉到兴奋，并做好准备）

一个可以看到实际的真相并因此而生活于终极现实中的人，他总是处在这样一个状态，他总是会“感到兴奋，并做好准备”。这是由于，他甚至看不到身处看到的现实中的人们所看到的事物，原因非常简单，这个生活于终极的现实的人，是从一个全然不同的视角看待所有的，现代临床心理学甚至还不知道有这样的现实存在。

你还记得吗？你从哪儿看，决定了你看到什么。实际上，的确这样。所以诀窍在于，要用你整个存在的三部分，也就是身、心、灵，来创造、表达和体验你是谁以及你选择成为谁的观念，而你是谁以及你选择成为谁并不是来自于想象的真相，也不是来自于显现的真相，而是来自于真相的第三个层次，也就是实际的真相。

来到实际的真相，并将其作为你的起点，你就能够运用心智的运作机制来转变任何时刻。

而你能够运用灵魂的系统来改变你的视角，因而进入这个实际的真相。

这是真的吗？这真的会发生吗？

这些都是合情合理的。这就是灵魂与心智是怎样共同努力协同运作的，这个过程能够让你的完整存在去做你来这儿要做的事，去按你所希望的样子来利用今生。

到现在为止，我已邀请你做了六件事。我已邀请你改变你“独自面对”的决定，改变你对情感的选择，改变你对思想的选择，改变你对真相的选择，改变你对改变本身的观念，改变你对改变发生原因的观念。

现在，有了这样一个背景，我将邀请你做出一个巨大的改变，一个极大的改变，一个奇大无比的改变。

法则7:让灵魂参与未来的改变

灵魂系统能够运用于你目前所经历的改变，它也能够运用于未来的改变，它的确能够，但可能这种情形还没有发生在你身上。实际上，这就是它的巨大力量之所在。因为它不但可以系统化地改变此刻，而且能够改变你的整个人生。

我已说过很多次，改变发生的原因是由于你希望它发生。你希望它发生的原因，是由于在你灵魂进化的过程中，你在不断选择完美的人物、地点和情境，来体验接下来你所要寻求的经验。

现在，你或许觉得，现在正在发生的改变并不是你造成的，但它的确是你造成的——在一个很高的形而上的层面，通过协同能量交换的过程。说得更简单一点，思想在行动，有些人称之为“吸引力法则”。

可是，你为什么会吸引你不想体验的事物呢？

那是由于，只有在你的心智中，它才会显得讨厌。在你的灵魂看来，正在发生的改变是极其珍贵的，是你对生命法则（生命是可运作的、可适应的、可持续的）简单而直观的肯定。

但是，你或许会问，现在正在发生的事怎么可能会真的是对我“有益”的呢？

好，你能够用两种方式来加以体验。或者，你能够等待足够长的时间，让时间来向你证明（它一定会的），或者你能够来到此刻就可以知道的地方。

这个地方就是你的灵魂，不是你的心智。你的灵魂此刻就会向你表明你的心智以后才会向你表明的事。到后来，随着生活的继续，你就会明白，发生在你身上的所有都是为了让你变得更好。

这是一个多么了不起的声明啊！我们拥有一个多么了不起的上帝啊！

我知道，在这儿提出一个问题是顺理成章的（也是重要的），那么，人们在他们生活中所经历的难以置信的困境，所忍受的不可想象的苦难，又是怎么回事呢？

我知道，对灵魂而言，这种苦难是能够接受的，是有其目的或有意义的，但要让充满局限的人类心智接受，却是很困难的一件事。

可是，在这个世界上，没有受害者，也没有为害者，发生的一切会发生，是出于进化的最高目的。并且，值得注意的是，有时一个灵魂来到世间就是要实现服务他人的神圣计划。

这种说法能够适用于乔达摩·悉达多，他后来被称为佛陀。这也能够适用于摩西，他带领他的族人走出荒漠，来到应许之地。这也能够适用于穆罕默德，一个外交官、商人、哲学家、演说家、立法者、改革家、将军，并且根据穆斯林的信仰，他是神圣行动的代理人，安拉的使者和先知。

这也能够适用于许多其他大师、神的化身和圣人，有些人广为人知，有些人默默无闻，但通过他们的行动，他们为服务他人的神圣计划而做出自我奉献和牺牲的精神影响着这个世界。

众多现代伟人都能够归入这最后一类人中，也可以将他们称为近代圣人，像德蕾莎修女、尤迦南达、圣雄甘地、马丁·路德·金等。甚至离我们现代更近的人，如纳尔逊·曼德拉，他被监禁了将近三十年，在出狱后却原谅了监禁他的狱卒，并请求整个国家都这样做。

这是什么样的人呢？

一个聆听他的灵魂而不是只是聆听他的心智的人。他采取了一种视角，从这种视角让他获得了一种认知，这种认知产生了一种信念，这种信念影响他的行为，这种行为产生了一种事件，这种事件造成了一种资料，这种资料在人的心智中导致了一种真相，从这种真相中形成了思想，思想产生了情感，情感搅动了整个世界，创造出了一种经验，这种经验使人类的现实提高。

让我澄清一点，这些现代圣人并不只是民族运动或国家的领导者。你自己的母亲或许就是这样的圣人，或你的父亲，或两者都是。做出非凡之举的普通人常常为了服务于他人的神圣计划而做出自我牺牲。我们无法猜测这是怎样的计划，但是，我们可以看出它需要现代圣人才能得以实施。

罗纳德·科顿，就是一个这样的人，他过着普通的生活，他的大多数时间都是在监狱中度过的。

罗纳德被认定为在1984年的一个夜晚在北卡罗来纳州柏灵顿区强奸了詹妮弗·汤普森被判有罪。我听到罗纳德和詹妮弗的故事，是在哥伦比亚广播公司的“新闻60分”中。节目中说，詹妮弗认定自己是被罗纳德强奸，罗纳德因此被判在狱中服刑十一年。可是只有一个问题，他并没有强奸她。他说他没有强奸她，但没人相信。詹妮弗·汤普森确定就是他，她肯定自己找对了人。

可是在1995年，新的DNA证据表明，强奸犯是另一名男子。在为一项他没有犯过的罪行服刑十一年之后，罗纳德·科顿获得了释放。这个故事上了所有的新闻，并在2009年3月的“新闻60分”中进行了专题报道。

现在罗纳德·科顿和詹妮弗·汤普森成了朋友，而且，他们与作家伊琳·托尼奥共同写了一本书。在书中，他们讲述了他们的故事。最为感人的是，他们已成了好朋友，常常通电话，一起旅行，向人们揭露许多有关目击证据的问题。

“新闻60分”讲述了戏剧化的情节，罗纳德·科顿在出狱之后首次见到詹尼弗·汤普森的时候，她泪流满面地对他说：“如果我把自己剩下的每时每刻每分每秒都用来告诉你，我是多么对不起你，但我还是无法向你表达我内心深深的歉疚。我真的对不起你。”然而，他平静地伸出手，将她的手握住，说道：“我原谅你。”

科顿回忆道，当她要求和他在一座教堂见面时，他轻声对她说：“我不希望你停留在过去，我希望我们可以感到快乐，向前看。”

这是一个怎样的人，由于一项他根本没有犯过的罪行被送进了监狱十多年，而在一瞬间，却宽恕了诬陷他的人。

是啊，这说明，当人们超越心智的局限而扩展到灵魂的视角的时候，他们就可以对生活做出这种特殊的回应。他们甚至或许都没意识到它们是在这样做（或他们或许不会这样来形容它），但是，他们对生活是什么以及怎样生活，做出了不同的选择。而我认为，这样的选择源于内心深处的一个地方，一个远非心智所可以企及的地方。

当我们运用灵魂的系统（我们的更高认识）和心智的运作机制，我们就把两个最强有力的工具结合在了一起，这是人类所独有的工具。发生在你身上的一切，都是为了你自己的更高存在和更快的进化服务。知道这一点会给你增添非常巨大的力量。这也意味着，未来发生在你身上的一切，同样是为了你好。

这就从根本上改变了你对未来会怎样改变的观念，你无须再感到害怕。这是由于当你不再害怕它，你就可以掌握它，可以随时采取行动，做出你最希望做出的决定，而不是总是谨小慎微地选择。

正是愿望，而不是谨慎，点燃了创造的引擎。千万不要谨小慎微，要永远永远满怀渴望。

看看你人生中最渴望的是什么，然后追随着它，一路去创造。若你可以这样做，你就是在运用所谓的“吸引力法则”。

简言之，让思想行动。这是一个在很高的形而上的层次面协同能量交换的过程。

一切都是能量，在这个能量场中，物以类聚。你想什么，你就会创造什么；而你相信什么，你就会想什么；你认知什么，你就会相信什么。而你一切的认知都取决于你的视角，以及**正是你目前的现实创造了你接下来的视角。**

这是一个圆环。我知道你已明白了这一切，但我希望你真正“明白了”。

假若你从一个扭曲的现实出发，你就可以将这种扭曲带入你接下来的视角，正好错过了纯粹存在的所在之处，而这正是产生灵魂视角之处。这将会对你的下一个认知产生影响，而你的下一个认知会对你的下一个信念产生影响，你的下一个信念会对你的下一个行为产生影响，你的下一个行为会对你的下一个事件产生影响，……如此，围绕着你的生命时钟转圈……来到你创造下一刻现实的地方。

这可不太好。假若你的扭曲的现实是这么强烈，感觉这样“真实”，以至于它的能量影响到了你接下了的视角，那么，生活就不会进展顺利。

这就是我要敦促你将自己的灵魂联结起来的原因，而你的灵魂栖身于你的上一个现实与你的下一个视角之间（位于生命时钟的“十二点”的地方）。灵魂会给这个过程带来心智所无法带来的东西，这就是我始终在谈论的更开阔的视角。

一旦你获得了这种新视角，一旦你将这种新的资料作为你心智过去资料的一部分，你就能够对明天以及你想要让它成为什么样子抱有一种新的想法。

不管你觉得今天是多么的“糟糕”，你也不必因此而让自己对未来充满担忧、焦虑、消极或任何不快！

因为你知道，所发生的一切都会是最好的，一切的结果对你的进化都是完美的。这会让你对明天充满无比的信心，这就是你的力量所在！

把书放一放

让你自己有机会把这些都消化一番。读一下你写在页边的笔记。你一直在做笔记，对吗？

当你感到精神振作，那么，我们就继续。

关于明天的新观念

我要说的是，生命就是一种自给自足的能量。生命通过生命过程本身产生更多的生命，生命能量会自我复制。

我**在这儿谈论的是，对一件正在发生的事的正面想法，不但**

会改变我们现在对它的体验，还会启动创造未来事件的能量。

我在这儿谈论的是，创造一个非凡的人生需要第七大改变法则——改变你对未来会怎样改变的观念。

你投射什么，你就创造什么；你断定什么，你就创造什么……

这正是有史以来抱持各种信仰和信念的灵性导师始终在和人类分享的智慧。每一位灵性导师说的都是同一回事。每一个宗教都教导相同的教义。

难道你不觉得这非常有意思吗？关于这个特别的话题，关于生命是怎样运作的，是什么使世界运转的问题，每一个教义都同意：**你相信什么，就会发生什么。**

关于这个话题，詹姆斯·艾伦写了一本名为《我的人生思考》的非同寻常的小册子，我在三十多年前就读过它，我的生活因为这本书发生了改变。

詹姆斯·艾伦这位神秘的作家(1864–1912)以他自己强有力的语言，将佛陀的教诲写出：我们就是我们自己思想的结果。她在书中这样写道："一个人如何思考，他就成为一个什么样的人。"

一个关于詹姆斯·艾伦的网站上这样写道：艾伦所带来的信息"即便在困惑的时候，也是一种希望。没错，他说人类受着无法控制的激情、悲痛、焦虑和疑惑的折磨。而只有智者，只有一个思想受到控制和净化的人，才可以让灵魂的风暴听命于他。”

当然，这正是我一直在这儿告诉你的。我也注意到，这正是一切灵性导师和作家们一直在说的。和你正在读的这本书相同的是，詹姆斯·艾伦在一百年前写道：

“遭受暴风雨打击的灵魂，不管你在何处，要明白这一点——在人生的大海中，幸福之岛正向你微笑，理想的阳光海岸正等着你到来。”

这个关于詹姆斯·艾伦的网站还写道：“艾伦的教诲包含两个基本真理，一是我们的思想将我们带到今天我们所在之处，二是无论好坏，我们就是我们自己未来的建筑师。”

我的已长大成人的儿子们，有一种应对其生活遭遇的方法。就是不管发生了什么，他们都只是说：“一切都非常好。”

你无法参加一个午餐约会，“这非常好”。汽车不听使唤，不能启动，“这非常好”。我喜欢这种想法，我很喜欢。这是一种怎样的视角啊！这是一个多么了不起的起点啊！这就是你怎样创造美好未来的方法！

从一个新的起点创造今天。我们每天都有机会微笑着面对正在发生的所有，尽情欢笑，对自己说：“一切都非常好”。然后，再给上帝一个大大的感谢，是他让人生变得这样宏伟壮丽，是他让我们可以在任何时候创造全新的人生体验。

我已说过，看到的现实是一个美好的现实，这是一种很高而罕见的体验状态，大部分的人很少达到这种状态。你或许会认为，看到的现实应该是人们最常体验到的现实，但事实上，这是一种很高的意识状态，许多人在一生中仅偶然几次进入到这种状态。大部分人的大部分时间都来自于他们想象的真相，因而体验到的是一个扭曲的现实。

你能够分辨出自己是不是生活在看到的现实之中，这是由于你会知道，现在除了正在发生的以外，什么也没有发生。

你将觉知专注于现在正在发生的事情之上，会认识到你所认为的和“现在”有关的一切“糟糕”的地方都是你自己添加上去的。它是并不真正存在的东西，是你用思想将其放在那儿的。

想要摆脱痛苦，你唯一要做的就是不再将痛苦添加到正在发生的事之上。将塞子拔出！将糟糕的过去或讨厌的未来统统放光。拥有一个关于现在的新想法，现在就拥有它！

一切都非常好！

我刚刚失业了，我怎么可以这么说？我应该大喊大叫才对。或者，更可悲的是，我的亲人刚刚去世，我怎么可以这么说？或者，我刚刚失恋了……

这些都是困难且充满压力的时刻。我并不是说，它们不是这样。这些情形会向我们所抱持的“我们是生活在一个友善的世界中的信念”发出挑战。事实上，正在发生的一切于我们都是最好的，只有灵魂才有这种完全的认知，而这样的认知，在艰难的时刻会给我们带来平安。

生命，以及生命中的所有情形、环境与关系都是可运作的，直到其稳定性受到威胁。这时，它就变为可适应的。于是，它就通过改变形式来让其自身变得可持续。

这就是亲人去世的时候，一段恋情、一份工作、一种生活方式以及任何事物结束时所发生的情形。只有变得更好，其他没有什么会发生改变。

现在，你或许会嘲笑这一点。但是，我要重申它：我愿意打赌，假若你很诚实地加以评估，你就会同意，之前发生在你身上的最糟糕的事，事实上是发生在你身上的最好的事。

大师在所有事物中都可以看到这一真相。我并不是一个大师，连大师的边儿都沾不上，可是我知道，在我自己的生活中，这一点是真的。

你已知道，十五年前，我在一起交通事故中摔断了脖子，花了将近两年的时间才恢复。这让我不得不停止工作，失去了收入，最终让我在一个帐篷里整整住了一年，在街乞讨，饱受风吹日晒，只是为了填饱肚子，为了可以活下去。

这或许是发生在一个人身上最糟糕的事了，对吧？这是最大的人生噩梦了，对吧？

嗯，也对，也不对。首先，这的确很可怕。我连做梦都没有想到过，自己有朝一日会流落街头。而一旦我流落街头，住在帐篷里的时候，我也无法想象自己有朝一日可以再次回到一个真正的家中。

可是现在，当我回顾这段往事，我知道，这是发生在我身上最伟大的一件事。它给我上了一堂关于人生的课程，我无法想象自己可以以任何其他方式学到这一课。它让我最大限度地了解了自己的内在，让我对人类的所有成员怀有更深的同情和关爱，让我获得了对上帝和生命意义的认识。这改变了我自以为理解的一切，将我带到了一个新的所在，我由此把每一刻都当作一份无法形容的礼物来加以体验。

好吧，现在你或许会说，这是一个“吉人天相“的幸运的例子。但是，我所学到的是，假若我放手，让上帝接手；假若我不加抗拒，让发生于我生活中的一切改变发生，所有都会有一个好的结果。

这并不意味着什么都不做，但这的确意味着不去抗拒。

你抗拒什么，什么就会坚持。你注视什么，什么就会消失。也就是说，它不再保有其幻象。不抗拒让我们从想象的真相中醒来，来到显现的真相，最终进入实际的真相。这就是“救我们脱离邪恶”（译注：语出《圣经》）。

突然间，刚才还好像完全不可能的选择向我们开放了，所有都随着视角的改变而改变。

这就是第七大改变背后的真正力量。

当你认识到，一切发生的改变都是为了维持宇宙的和谐。尽管它看上去难以置信，当你相信这一点，当你确信生命本来就是为了快乐。当你知道，假若你不用痛苦、愤怒、怨恨、沮丧阻挡它们，那么，每一个故事都会有一个美好的结局。于是，你几句能够改变正在发生的一切的想法，并由此改变你对将来会发生什么的想法。

你的生活有没有向你表明，所有都是为了你最高的进化目的？当然是这样。证据就是，你仍然在这儿。

你会说："是，但看看为了在这儿我不得不做的事！"

我同意。这并不是一条容易走的路，因为你以前并没有现在所拥有的工具。但就算你从前没有这些工具，你还是来到了这儿。

那么，是什么让你认为明天会不同呢？

问题并不是你会不会活下去，而是你要怎样活下去。你会非常高兴，还是会非常伤心？你会对生活重新感到兴奋，还是感到沮丧、不满和失望？你会将恩惠带给你生活中的每个人，还是会成为周围人的负担？

你怎样体验现在，决定了你怎样创造未来。

诀窍在于，你此刻就要将这种洞见转变为预见，在今天就要知道你的明天，要很清楚地认识到，生命是与你站在一边的。

但这不意味着，所有都会以你所希望的方式出现。这的确意味着，有时你所希望的，并不是最适合你的。

这怎么可能是真的？

一个人希望获得的怎么可能不符合他的最佳利益？当然可能。人们一直都在这么做。因为他们并不总是知道自己的最佳利益是什么。他们真正是谁，在哪儿，来到这个世界真正要做什么，所有的的目的究竟是什么。

因此，为你自己回答这四个根本问题，然后，改变你对未来会怎样改变的观念，丢弃你无法影响未来的想法。告诉你自己，未来不会来到你身上，未来经由你而来。

用今天的思想和言行，把改变带进未来。思、言、行是创造的三种工具。假若你想要了解更多有关这一观念的基础，并想要获得对怎样创造自己现实的更深入的解释，那就请拿起《与神对话》第一册。

假若你已读过这本书，请再读一遍。假若你从没读过，现在就去读。然后看看你有什么想法。并将你的收获作为你自己人生真相的一部分。

就像改变你对已发生的改变的观念一样，改变你对即将来临的改变的观念。然后，你就可以改变对它们的经验。

你得到了什么？
我是说，自失去中。
在被夺走之后。
那曾是你生活中
必不可少的。

那个人或那个地方；
那个秘密或那种情境，
既然它已离去，
或被发现，
你便再也无法称它为基础。

你得到了什么？
你清楚，我也清楚，
这一点：
有一个地方被掏空了。
有什么东西到来，将你打开，
就从，
正中间，
从那一刻起，
这个世界便不再对你发生作用。

你醒来，

你徘徊，
曾经熟悉的一切，
如今变得陌生。
你仿佛行走于水中
直到你重新回到床上
然而，就算是在那里——
你的床单，你的枕头，
气味也变了，
好像每天都有人重新粉饰你的房间，
你珍贵的纪念品，被扔在一边。

你要清楚，
有时我们会被掏空。
是由于，
生命想让我们清楚，
还有，如此多的
光明。

——《你得到了什么》 埃姆·克莱尔

冥想，和灵魂相连

现在，我们就要来到我们探索的终点，而我希望你知道，我理解在改变的时刻发生在你身上的改变对你的巨大影响。

不管你是失业了，或失去了家，或失恋了，或失去了健康，或痛失亲人……不管发生了怎样的改变，我理解它怎样影响了你。

不管你怎样利用所可以获得的任何形式的支持，或寻找别的资源获得帮助，我建议你不要回避你现在正在经历的事。我希望你不要表现得像它没发生一样，或假装这个问题并不算个问题。

我希望，你既不要逃避它，也不要低估它，而要正视它。让自己接受它给你带来的不论怎样的真相、情感和体验，这是由于我知道，你抗拒什么，什么就会坚持。

然后，我邀请你运用我在这儿给你的一些工具来应对你所面对的改变。我邀请你正视显现的真相，而不仅仅是想象的真相。我邀请你考虑这种可能性：你的灵魂（以及和这有关的每一个人的灵魂）完全知道正在发生怎样的改变，以及这样的改变最终是为了一切相关人员的最高利益。

我也希望你认识到这样一个事实：改变已发生，并不意味着你就无法将这种改变改变，你甚至有可能回到和从前生活相似的，甚至更好的环境（比如，和分手的恋人重归于好）。

未来一切都是可能的。

我已在我的工作坊中遇到过失去百万家产后又重新变成百万富翁的人。我也听说过和最亲爱的人分手后又重归于好、破镜重圆的故事。我也遇到过已被他们的医生判死刑又重新奇迹般地康复的人。

没错，我听到过许多此类事情。他们的故事都不一样，但是，他们都有一个共同点，即他们故事的结束**并没有成为其人生的结束。**

你已听过了非常多关于我的经历，但让我补充一点。我曾不止一次地断定：自己的故事已结束了，好日子已到头了。上帝啊，我大错特错了。假若我那时可以知道我现在所知道的，那该多好啊。或许就像我父亲时常说的：人总是老得太快，聪明得太晚。

在你变得和我一样老之前，让我帮你过上你想过的生活。或者，若你已和我一样老，那就让我帮你更轻易地走上回家的路。

我亲爱的朋友，我想要你想想这种可能性：生命就是为了快乐。

你相信这一点吗？假如你不相信，那么，就请跑向而不是走向离你最近的书店里，拿起一本名叫《比神更快乐》的书。

这是我从灵感出发而写的一本最激动人心的书，其中包括各种难以置信的个人创造方法（有人将之称为吸引力法则）。并且探索了这个生命法则被大大忽略了的一些方面。它将为你解释这一切！

生命就是为了快乐，生命告诉你这一点的方式之一，就是为我们提供这样的工具，让我们可以按我们所希望的，重新创造生活经验。假如你还不知道这些工具是什么，那么，就注意聆听生命现在正在告诉你什么，聆听你一直在这本书中所听到的。

在听到了这一切之后，现在是你做出第八大改变的时候了。这是一把最大的保护伞，你能够在这把伞下躲避正在经受的暴风雨，这是关于生命本身的保护伞理论。

法则8：明白你是身体、心智、灵魂三者的总和，并且，还要多

现在，是考虑整个过程的时候了。不仅是改变的过程，不仅是心智的运作机制，不仅是灵魂的系统，而是我们从出生到死亡的整个过程。

这一切是怎么回事？正在发生什么？没错，自从你被心智唤醒，让你面对自己的存在，心智就一直渴望获得这些问题的答案。

现在的问题是，我们大部分人的想法都来自于过去，我们今天的一切观念都来自于别人告诉我们的关于过去的资料，以及我们自己过去的经历。

但这的确是有意义的，不是吗？我们不应该从我们的经验中学习吗？

不！若我们的经验源于想象的真相，而不是实际的真理，那么，答案就是否定的。若我们的经验将我们带到扭曲的现实，而不是终极的现实，那么，答案就是否定的。

所以，假如我们不去聆听我们的经验，那么我们要聆听什么呢？

我们的灵魂，我们的存在回到时钟的顶端，回到十二点的高处。我们应该聆听灵魂的存在，而非人的存在。我们应该聆听我们的灵魂和一体神灵的联结。

我相信，当你进行这样的联结时，比如：冥想、祈祷、沉思，静静地读书，静静地在林中漫步，静静地洗澡，沉浸在温暖的生命之水中，静静地写作，静静地吃饭，静静地对自己唱一曲灵魂之歌。我相信，当你进行这样的联结，你就会听到一个内在的细小的声音：

人生并非注定是一场搏斗，也并非注定要成为一场“实验”，更并非注定要成为一场“火的洗礼”或“审判”，或是一所“学校”，或任何让人不快的事。

正好相反，我相信你会听到，生命自始至终应该是一种极大的喜悦，一场对你真正是谁、你可以做什么的庆祝，一种荣耀而神奇的表达，生命在自身的舞台上喜悦地爆发，通过生命过程本身来拓展生命。

这就发生在你自己的生命之中，也发生在宇宙的生命之中。

2006年11月17日，美联社报道说，哈勃太空望远镜已表明，由爱因斯坦首先提出的一种神秘的能量形式，在宇宙的大部分历史中好像一直在为宇宙提供能量。可以利用超新星爆炸来对宇宙的膨胀进行衡量，天文学家得出了一个令人震惊的结论。

美联社的报道说：

“这表明，更老的超新星的光已经在太空中穿越了更长的距离而抵达哈勃望远镜，它远离地球的速度比简单的大爆炸理论所预测的更为缓慢。远离哈勃的超新星离开的速度要比预期的慢，邻近哈勃的超新星离去的速度更快。只有当存在着某种造成宇宙的膨胀随时间而加速的神秘力量时，这才有可能是真的。”

这种“神秘力量”即生命本身，它就是上帝，它时刻都在你的生命中运作。当你一个人静下心来，你就能够感觉到这种“神秘力量”。的确，当你一个人静下心来，你真的就会让这种力量和你同在。

有意思的是，这种“力量”或能量会携带资料。实际上，它就是资料本身。你明白吗？能量即资料，资料即能量。

你有没有听人说过，某些数字会含有“好的能量”？这是真的。比如，数字9，以及得数为9的等式（8+1，5+4，3x3，等等），据说都极具力量。我并不是一个灵数学家（numerologist），但这并未让我感到吃惊。

想要获得到或读取生命的资料，就需要让心智安静下来，这样你就可以听到灵魂，这就是存储资料的所在。

冥想就是这样做的方法之一。

大家都听说过冥想，但是，许多人并不真正了解怎样冥想。我在静修营中就此问题被问过许多次，我能不能提供最佳的冥想方法。

当然，并没有什么“最好的方法”。我自己的冥想方法是写作。对我来说，这是一种非常强有力的冥想，在我大多数的写作时间里，我事实上是眼睛盯着虚空，甚至没有思想，仅仅是和自己那一刻的体验在一起，并对接下来将会发生的一切怀着开放的心态。没有质疑，没有期望或要求。这当然也是一种体验整个人生的美妙方法。

并没有一种比其他形式“更好”的冥想方法，不过，所谓的“静坐”是大多数人最熟悉的，人们也希望可以更多地了解。所以，让我在这儿和你分享我的一些和冥想有关的想法。

为了让你的心智休息一下，此时此地，就让我们先来做一个小小的“快速”冥想。

把书放下

闭上双眼，深呼吸，做三次缓慢的“睡眠式”呼吸。然后放松，一个人安静一会儿。

当你准备好了，我们就继续。

一些和冥想有关的想法

对于那些非常难以让自己的心智安静下来的人，我可以向它们提一个建议，每天早晚分别练习一次静坐冥想，每次十五分钟。

假如可能的话，你可以设定一个固定的冥想时间。然后，看看你是不是能够坚持在这个时间冥想。但假若你无法做到在固定的时间冥想，你要让自己知道，任何时间都能够冥想，只要坚持每天至少两次，早晚各一次。

当你冥想的时候，若天气温暖晴朗，你或许想要坐在室外，让早晨的阳光暖暖地照着你，或让星光在你的头顶闪烁。若在室内，你可以坐在靠窗的地方，让早晨的阳光从窗口照进来，让夜色从窗口弥漫进来。

就像我刚才所说的，静坐冥想并没有“正确的方法”，你能够坐在一张舒适的椅子上，或坐在地板上，或坐在床上。或选择任何适合你的形式。

有些人习惯于坐在地上，一般没有靠背，不过偶尔会靠着墙或其他东西，因为坐在地板上会让他们更“临在”于当下。有人告诉我，如果他们过于舒服，比如说坐在过于柔软的椅子或床上，他们常常会打瞌睡或思绪纷飞。而如果他们坐在地板上，或坐在室外的草地上，这种情形就很少发生，他们会变得全然“临在”。

坐好之后，先注意你的呼吸，将双眼闭上，专注于自己的吸气和呼气，在黑暗中注意自己听到了什么。当你已“联络上了”，这是我能想到的唯一合适的词语，跟着你呼吸的节奏，开始把你的注意力扩大到你的“内在之眼”正在看着的东西。

一般，在此时，除了一片黑暗之外什么也没有。若你看到意象，也就是关于任何东西的“想法”，那就努力让其在你的头脑中消退，就如电影屏幕上的“淡出”一样，把你的头脑变成一片空白。

专注于你的内在之眼，深深地注视着这一片黑暗。不要看着什么特别的东西，而仅仅是盯着看，让自己一无所求，一无所需。

就我个人经验来说，接下来，经常会出现一朵小小的闪烁的蓝色“火焰”或一束蓝光刺破黑暗。我认为，若我开始对这朵火焰进行思考，为其定义，对其进行描述，试图为其赋予形状和形式，或让其“做”什么，或“意味着”什么，它就会立即消失，可以“让它回来”的唯一办法就是对它不加注意。

我不得不努力关闭自己的心智，身处在当下和对当下的体验之中，而不是去对其加以评判、定义，或努力想发生什么事，或将其想明白，或在逻辑上理解它。

冥想就是和宇宙亲密接触，和上帝相连，和自我相连。它并非要你去理解、创造或定义。一个人并不能理解上帝，只能体验上帝。一个人并不能创造上帝，上帝仅仅是存在。

一个人并不能定义上帝，相反，一个人是由上帝所定义的。

上帝即定义者和被定义者。上帝即定义本身。

在上面的话中，上帝这个词可以替换为自我，意思是一样的。

现在，让我们回到跳动的蓝色火焰。一旦你将你的心智关闭，同时把你的注意力专注于它，而不抱任何期待、任何想法，那么，闪烁的蓝色火焰就会再次出现。诀窍在于，保持关闭你的心智（也就是你的思维过程），而同时把你的注意力专注于它（就是心无旁骛）。

你可以想象这样的二分法吗？这意味着，注意一样你并未注意的东西。

这很像是在做白日梦。就如你在大白天，身处一个重要场合，你对一切都不在意，而同时又注意着一切。你一无所求，一无所需，并不特别注意某一样东西。

但是，你专注于“无”和“一切”，有人最终会将你从这种状态叫醒（或许是弹一个响指），对你说：“嘿！你是否在做白日梦？”

而一个人做白日梦时一般双眼是睁着的。坐着冥想是“闭上双眼做白日梦”。这是我能想到的对这种经验的最贴切的解释。

现在，跳动的蓝色火焰又一次出现。仅仅是体验它，不要试图去定义它、衡量它，或以任何方式去解释它。仅仅是，落入其中。火焰好像会向你靠近，它会在你的内在视野中变得越来越大。

事实上，并不是火焰在向你靠近，而是你在向它靠近，进入对火焰的体验之中。

若你运气好，在你的心智开始向你谈论它、把它和过去的资料相比较之前，你会体验到自己完全融入这片蓝光之中。假若你有哪怕是一瞬间的这种无念的融入体验，你就已体验到了至福。

这就是全然知晓的至福，让自我和万物，和一切万有合一的体验。

你无法“尝试”这种至福。我的经验告诉我，若你看到这朵蓝色火焰，并开始预想这种至福，火焰就会立刻消失。预想和期待会让这种体验终结。这是由于，这种经验发生于永恒时刻，而预想或期待会将它推向未来，可是你并不在未来。

所以，火焰好像“消失”了。并不是蓝光已经消失了，而是你离开了。你已离开了永恒时刻。

就像闭上你的外在之眼会关闭你对自己周围物质世界的体验，闭上你的你的内在之眼也会具有相同的作用。你真的能够说是将它关闭了。

按照我个人的经验，在冥想中，这种至福的体验难得一遇。

知道这样的至福是一个祝福，不过，就某种意义而言，也是一个诅咒，因为我总是希望可以再次体验到它。不过，有时，我能够放下希望、愿望和期待，而让自己全然处在当下，完全没有任何期待或任何特定的目的。

这正是我所寻求的心智状态，这很难做到，但却是可能的。假如我可以达成这种状态，我就已达成了无念。

无念并不是将心智倒空，而是将心智的注意力从心智移开。这即“跳出心智”，这就是暂时从你的思绪中离开（稍后再详谈这一点）。这让我很接近上帝的王国中两个世界交汇的那个点：纯粹存在的空间。这让我很接近涅槃。这可以将我带入至福。

所以，假如你已找到让心智平静的方法，像“坐禅”“行禅”““做禅”（洗碗可以是一种非常不错的冥想，读书或写作也可以是一种很好的冥想）、停禅（我会在后面谈及）等，那你就已对自己的整个人生做出了一个最重要的承诺，一个对灵魂的承诺：和你的灵魂在一起，和你的灵魂相遇，聆听你的灵魂，并与之交流。

这样，你就会不但能以你的心智，而且用你的灵魂来生活。

这即当代最受欢迎、最有影响力的美国哲学家之一肯·威尔伯在他的《万物简史》一书中所指出的。他说，整合转变实践的基本观念很简单，“我们同时实践的自我存在的方面越多，这种转变就越有发生的可能性。”

当然，这就是我们在本书中从一开始就始终在谈论的。我们始终在谈论个人的转变，改变你个人对生命的体验，特别是对生命中根本的、重要的、不可或缺的部分的体验。

我们始终在谈论，用一种相互协作、多功能的整体方式来整合你整个存在的三个部分。然而，一个人无法做到这点，除非他知道，人是由三部分组成的，这样，他就会彻底理解。

影响你整体运作的三个方面：

1. 身体的基本原理

2. 心智的运作机制

3. 灵魂的系统

我们还没有谈论这三个方面中的第一个方面。现在我们来谈一谈它。你是不是已准备好拼出最后一块拼图？

小休一下

在这儿停下来休息下非常不错，就如暂时离开一桌盛宴一样。

当你准备好了，我们就继续。

身体的位置

“你并非你的身体，你拥有你的身体。”

在这场谈话之前，我的朋友伊尔奇·李博士，就在其有关人类大脑的精彩论文中这样说过。

其他诸如吉恩·休斯敦、肯·威尔伯和芭芭拉·哈伯德等著名的导师和哲学家，也提出过相同的观点。

我们越来越认识到，我们并不是自己的身体，并不是自己的心智，没错，我们甚至不是自己的灵魂。我们是三者的结合体，而整体事实上大于其组成部分的总和。

我们所是的整个存在即纯粹的能量，也许能称之为灵性。你的身体是一个能量包，你的心智也是这样，你的灵魂也同样如此。简而言之，你是一个拥有肉身经验的灵性存在。

肉身应被理解为是一种假象，这是由于它既不是你的所在之处，也不是你之所是。

你真正的所在之处是在纯粹存在之所。这也是你之所是。在上帝的王国中，你是谁，你在哪儿，你在何时，你是什么，都是同一回事。

你需要花点时间来思考这句话的含义，你真的需要。我是说，我们都需要。我们无法理解心智在我们的生活中创造幻想的意义，以及人类日复一日所承受的苦难的意义。

我刚刚说你是谁，你在哪儿，你在何时，你是什么，所指的都是同一回事。我将这同一回事称为“上帝”。

你可以任意称其为什么，但你无法忽视它，你也无法假装，这个生命在其中表达自身的更大背景并不存在。

我们在这儿谈论的是你的根本本质，这即生命自身的原初能量。这种能量、这种本质并非物质的，但是，它为了要通过体验自身而转化为物质。因为这就是神性的三位一体的表达：肉身这一奇观，是由这种能量和本质通过一个能够形容为“灵性的激发”的过程来完成的。

宇宙最初的声音，是上帝的交响曲中最低的音符。这即“唵”音，低沉的隆隆声听起来几乎有点可怕。近年来，太空深处的监听装置事实上已捕捉到了这种声音，即最初的振动。它即能量与本质，正在以极缓慢的速度振动。

当速度加快的时候，声音就越升越高，从一种低沉的隆隆声上升为我们所知的生命的温柔旋律。一切始于最初的振动。一切都始于声音“太初有道……”（译注：语出《圣经》，下同）。

而这个声音说道：要有光。它将自己的振动加快，其本质就变得白热化。光于是就诞生了。

接着，通过将它自己的振动在不同频率之间转换的简单而精确的过程，这种能量与本质就产生了物质性的其他显现。而深沉的“唵”音就变为生命的美妙景象，“道成肉身，居于我们中间”。

这种能量和本质振动得越来越快，也就是它的振动频率越来越高，还未转化为物质的能量就变得越来越坚实。

可以这样来想：假若一个能量点能够快速地在A点与B点之间直线运动，那么，它既不会出现在A点，也不会出现在B点，而是会出现在其间的任何一个点上。这是由于它速度太快，在人的肉眼看来，在某一时刻它并不是在某一个点上，而是同时存在于每一点上。

因为它移动得太快了，我们无法在任何一个时空点上将其“指出来”。所以，其飞快的运动速度，会让它令其显现为A点和B点之间的一条坚实的线条。

为了向自己证明这一点，你可以做一个小小的实验。

将一个大黑点放在一根透明吸管的一头。现在，把吸管举到你的眼前，对着一面白墙左右晃动吸管。当然．你会看到黑点在移动，你能够指出任何时刻黑点的具体位置。现在，将摇晃吸管的速度加快，直到来回晃动的吸管快得以至于黑点看起来不再是一个点，事实上变得同时处在所有地方。假若你稍稍将双眼眯起，对于肉眼来说，它就会成为一条直线。

人的心智处理其所见到的资料的速度，无法跟上其所看到的资料的速度。资料流的速度比心智分析它的能力更快。所以，心智就无法知道其看到的是什么。

世界是由百分之二的物质和百分之九十八的空间组成，可是，在我们看来，情形恰恰相反。

所以，我们生活在自己的幻象世界之中。但这是由原初智能故意这样创造的。心智是一个设计精美的装置，用来分析来自无限源头的有限资料。不要希望心智可以一下子理解一切，理解一切是灵魂的工作。

同样，人体也是一个装置。

你的身体，是灵性在一个特别的时间和地点以一种特别的形式出于一个特别的目的将自己肉身化的产物。其目的与整体的每一部分的特别化有关。

整体没有特别之处，它就是一切，所以，它并不是什么特别的东西。然而，一切无法作为一切来体验其自身，因为它无法和自己之外的任何东西相比较。所以，它选择把自己个别化，这样一切就可以作为特别的东西来体验其自己。

就是这个特别化的过程，创造了我们所谓的物质世界。同样，它是一个原初振动加快其振动频率的过程。

你的整体是神奇的，也就是充满了奇迹，而你的身体仅仅是其中的一个最不起眼的奇迹。接下来，就是你的心智。而你的灵魂就是最为神奇的。

你的心智是如此的神奇，事实上，它可以影响你的身体。并且，事实上可以影响一切的物质事物。

也就是说，你的心智能够创造你的物质现实。我是说，你的心智能够创造你的物质现实。

它不仅能够做到这点，而且它正在这样做。不管你是不是知道这一点，你的心智每时每刻都在创造你的现实。问题不在于你是否在创造你的现实，而在于你是在有意识地这样做，还是在无意识地这样做。

通过灵性的激发，你将事物在你的现实中物质化，这就是思维敏锐的好处。你知道人们怎样因思维敏锐而受人称道吗？思维敏捷还有比你所可以想到的更多的含义。

你会惊讶于自己的心智能够多么快地思考，通过忽略一切过去的资料而可以比平时的思考速度快上两倍！可以称之为跳过过去的思考。

这是一个不同寻常的洞见：你能够指示你的心智这样做，你能够训练你的心智这样做。

如何做呢？你怎样才可以训练你的心智忽略它认为它知道的有关某一主题的一切呢？通过做出量子跳跃而来到灵魂的觉知。

你在每一刻所要做出的决定都会是：我是应考虑心智的资料还是灵魂的觉知？当你转向灵魂的觉知时，你就将意识提高到金字塔的顶端，到达存在之所在。

存在，还是不存在，这是一个问题。

我刚才所描述的这一切是怎样运作的呢？具有讽刺意味的是……你是否准备好了接受这个极大的讽刺？这是秘密中的秘密，之前从来没人告诉你：为了获得灵魂的觉知，你需要慢下来。

请等一下！我刚才不是说，你必须“想得快”吗？没错！当事物在你身边发生的时候，你不得不想得快……快得足以让你告诉自己慢下来。

当资料向你涌来时，你想做的第一件事就是分析资料，并向自己提供做出回应的所有选择。它这样做的速度极其迅速，为了将这个过程缩短，你不得不“想得快”。快得当你的心智正要将你深深带入和此刻有关的过去资料中的时候，你阻止你的心智去那儿。你跳过你的过去。

接着，你将你的能量改道（要知道，你的心智是一种电能。你能够测量其实际的脉冲）。你沿特定的路线将你的能量传输给觉知，而不是资料。这就如同在火车站转换轨道一样，让火车由原来的轨道转向其他的轨道。你真的能够在一瞬间这样做，从心智转换到灵魂。

你知道，有些人被形容为脑子仅有“一根筋”，这即要改变这一点。有时我们的心智都是“一根筋”。我们始终在想着自己在想的事，一遍又一遍地来到相同的地方。就像你知道的那样，若你自始至终乘坐同一列火车，你什么地方也到不了，最终，你又回到你出发的地方。

所以，要将这一切改变，你就不得不快得足以慢下来。

你不得不快得足以阻止你的心智一直奔跑下去，并减缓你对独特经验的体验过程，将你的振动降低到灵魂的频率。灵魂的振动如此之慢，以至于你都无法看到它。

我知道，这与你以前所了解的正好完全相反。你或许听说过，要“提高你的振动频率”，开悟就是“意识提升”。其实，这正好相反，它是降低你的振动，将频率减缓到看不见的速度，这就是更接近原初的声音。

这就是僧侣与其他一些冥想者常常在一起，以一种低沉浑厚的声音唱诵“唵”音的原因。这和减缓振动有关，这和跳离你的心智有关。

在所有这一切中，你的身体处于怎样的位置呢？就像我前面说过的，它仅是一个装置。问题是，你是将其当作心智的一个装置，还是灵魂的一个装置？而我要说的是，它最好应是这二者的一个装置。

我不想在这儿将心智描绘成一个敌人，事实并不是这样的。毫无疑问的是，它是一台神奇的机器。然而，我们不得不让心智做它原本应该做的事，让灵魂做它应该做的事。

我们必须牢记，我们是三位一体的存在，而身体也是一台“神奇的机器”，只是三者之中最不重要的一部分，它是一台设备，按照我们的命令行事。

所以，不要陷于和身体有关的事物之中。但一定要将身体照顾好，就如你照顾你的汽车、你的家或任何宝贵财产一样，但不要将它和你真正是谁混为一谈。

你不是你的身体，也不是你的心智，甚至也不是你的灵魂，你是所有这三者的总和，并且更多。你是形成这三者的灵性，你是能量，是本质。

请勿对所有那些将你带到此地的时刻，
感到不满。
假如你正在读这首诗，
你的坚持便已得到回答，
并且，恩典正在来临。
所以，此刻，
安然处于你所在之地。
就如绳结一样，
它们表明，
你到何处，一次又一次地将手伸出。
你将继续攀登——
时而狂喜，
时而痛悔，
越爬越高，
进入永恒的光明。
无数次地重复，
这同样的公式。
直到那一天，你替自己找到了
一座灯塔；
一堆火焰。
在一个
甚至爱本身尚未完成之地。

——《爱本身》 埃姆·克莱尔

生命是什么

我认识许多人，他们从未真正思考过生命是什么。他们告诉我："我太忙了，还是将这个问题留给作家和诗人吧。"

很多人因而发现，他们生活在一个发生的一切并不是像他们所希望的世界上。人们会问，60亿人都希望的事，但是却无法实现，这是怎么回事呢？人们想要知道，这是一个怎样的世界呢？或者，就像多年前佩姬·李的一首歌所唱的那样："这就是所有的一切吗？"

若这便是所有的一切，有人就是小丑，因为这一定是一个马戏团。

但这不是一个马戏团，这是一曲优美的交响乐，其指挥者是上帝，我们所有人都是演奏者。我们要一同演奏这首美妙的乐曲，我们首先要做的就是读懂它的乐谱。

当我们把生命看作其原本的样子，一切就会突然变得有意义。于是，现在发生的改变就会被看成是礼物，而不是负担。于是，未来的改变就会是创造的展现，而不是对我们忍耐力的考验。

生命是一个过程。它并非只是“发生了什么事”，每一件事的发生都有其目的。生命自有其设计意图。**生命想要产生怎样的后果呢**？

这就是我们现在所面临的问题。实际上，这就是这个世界所面临的问题。可以在两个层面上做出回答。

总体来说：生命就是上帝表达上帝，体验上帝，扩展上帝的过程。

个别而言：生命的目的是让你拥有对你真正是谁的直接经验，并让你有机会进入下一个层次表达你自己真正是谁。

简单地说，生命的目的，就是通过生命过程本身了解生命，并表达更多的生命，它通过生命的所有个体化具体来说就是你自己，来加以展现。

生命通过改变的过程成就其目的。

也就是说，生命（上帝）一直在改变，以一种扩展其自身的方式来永远创造和再创造它自身。

世界上有很多的人认为，是上帝（而不是人类）导致了改变，从这个意义上而言，上帝的确是导致一切的原因。啊哈，但上帝真的会这么做吗？甚至，存在一个会这样做或能这样做的上帝（指的是一种和我们分离的、独立存在的至高存在）吗？若有这样一个上帝，为什么上帝会做这样一个改变，而不是那样一个改变？为什么上帝会这样“做”而不那样“做”，偏袒这一个人或这一项计划，而不是另一个人或另一项计划？上帝的标准是什么？

所以，关于这一切，什么才是真的呢？是上帝在撬动杠杆吗？还是生命是一个自身运作的过程？

这两个答案都是错误的。

上帝（和我们分离的至高存在）并不撬动杠杆，而且生命也不是一个自我运作的过程。生命的神奇在于它是一个过程，在这个过程中，作为一个具有自我觉知、能感知一切的存在，你有机会创造自己的经验与现实，决定自己可以显现为什么样子，选择表达你来这儿想要表达的，并最终按你所希望的下一个宏大的版本重新创造你自己。

生命的神奇在于，全人类共同拥有这个相同的机会！我们每天都在共同创造我们的集体现实。

生命的神奇在于，它是一趟荣耀的历险和美妙的旅程。

我知道，我明白，对许多人而言，它并不是这样。实际上，当我看到他人的苦难时，我也极想放弃生命是神奇的、宇宙是友善的、上帝是友善的观念。

我们在之前谈到过这一点，我常常会获得对这个谜题的解答。可是，有时候我心中我还是会感到困惑，我的心情会变得异常，只有我的灵魂在我目睹自己或他人正在经受这些苦难时依然保持安然。就算我已得到了答案，我还是会问：为什么会有这么多的苦难？为什么会有这么多的悲剧？我会流下眼泪。

而一体神灵回答道：

我可爱的、富有爱心和同情心的人啊，你并不知道、也无法知道“灵魂的任务”。这项任务已交给并由另一个受赐福的上帝的个体化所接受。而假若我告诉你，在灵魂层面，神性的任何一个部分都不会受到任何形式的伤害或损坏，你会不会相信我？

我知道，在个人层面上，伤害和损害的确存在。但是，我要告诉你一点：外在显现，是一切实体内在旅程的一部分，因为人类目前局限的视角而无法完全理解或解释。然而，这种视角是能够转变的，它也将会转变。

整个人类所需要的是，在这儿或那儿多一个转换器。更多的人致力于回应，将会改变所有的改变。

一体大灵接着又启发我写下这些：让我看看，我是不是能给你一点儿启发，以瞥见一个比你所能想到的更高、更复杂的真理？你是否曾出于更高尚的理由，为你自己或他人，或为一个目的而做过一些事，哪怕它在某种程度上会伤害或损害你，但你出于更大的善，还是这样做了？

我想了一会儿。我回想起许多自己做过的“看上去”会伤害或损害自己的事。但事实上从长远来看，它们是“有益”于我的。我马上想到了一长串的清单。

接着，我又回想起为他人所做的对自己没有一点好处的事，事实上，它确实在某种程度上对我造成了损害。但不管怎样，我还是这样做了，因为我爱那个人或那项计划。同样，我也想出了一长串的清单。

这时，一体大灵又启发我问自己：你是不是开始明白，灵魂也能够做同样的事？你是不是认为，灵魂会将这样做来作为它旅程的一部分，以推进它自身的进化，或者另一个灵魂的进化？有没有这种可能呢？

我必须承认，突然，我对所有这一切有了一个更好的理解。接着，我突然在脑海中看到了一部“电影”，它让我想象自己与另一个灵魂之间进行交流的情景。

在我的想象中，我正行走于某个城市的一条人行道上，我遇见了一个乞丐，她背靠着一幢建筑物，衣服又脏又破，油腻的头发已好几个星期没有洗了，发出阵阵气味……嗯，非常有意思，我真的难以形容。

我从这个乞丐面前经过，她手里拿着一只小纸杯，喃喃说道：“请给几个零钱吧。”

我对自己说，奥，七天中，这个人在这个地方已待了六天了。她干的是什么营生。天知道她一星期能够在这儿乞讨到多少钱，为什么不去找一份活干呢？

我走过她身边，甚至没有正眼看她一眼。但后来，我又转身来到她面前。“告诉我，你为什么不像其他人一样找一份工作，而要站在这儿乞讨呢？”我脱口而出。

这个女乞丐回答：“假若我不乞讨，有谁会在这儿让你明白你真正是谁呢？”

我她的回答让我大吃一惊。

我哑口无言。

现在，我请你也面对此情此景，想一想她的回答。你的感觉怎样？你最直觉的反应是什么？当你准备好来到本书的最后一章时，请你想一想，当你准备好接受最后的改变……

“向我展现你”，
我对上帝说。
这是接下来发生的事：
我腹中发着光。
我的眼中是日出、日落。
雀斑自称是行星和恒星，
在我的脸颊上发光。
我的双唇彼此接吻，
我的耳朵倾听生命的海洋。

一只靛蓝色的轮子，在我的双眼之间，
金黄的田野，在我的脚趾之间。
我的手带着爬树的记忆，
我的头发，还记得恋人的每一次抚摸。

于是，我低声说，
“不过，你为何将我造成这样？”
我得到这样的回答：

“由于我从前没有听过你的名字，
也没有听你唱歌，
也没有通过你的眼睛凝望过宇宙，
没有如你这般笑过，

也没有抚摸过你的泪滴。

因为我还不清楚这些狂喜
也不清楚它们会上升到如此高，
也从未体验过
天真的微妙之处
也不清楚一颗心怎样可以变得这般宽广，
或这般容易破碎，
或爱，
这般毫无理性。”

——《毫无理性》 埃姆·克莱尔

找回真正的自己

我现在懂得：有些灵魂会共同创造（在个人层面上）显然会对他们自己造成伤害和损伤的经验。没人能知道他们这么做的原因。

或许，他们来到此生的目的，就是为了体验他们在前世对别人做过的一些事的“另一面”。

或许，他们来到此生是为了让其他灵魂有机会以一种特别的方式体验自己。

或许，他们来到此生，是为整个生命戏剧的某个更大的“场景”提供“表演者”或“演员”，这样的表演会允许数量众多的敌人马上获得一种非凡的认识。

我想到了那些在“9·11”悲剧中遇难的人们，以及在种族大屠杀中数百万被杀害的人。

我无法知道，也无法假装知道，因饥饿而死，或遭受性虐待，或遭受一次又一次人生苦难，或在痛苦和悲伤中挣扎的“灵魂的计划”。

我只能希望，他们的痛苦能够早日结束。知道自己内心深处不希望有任何人会受苦或遭虐待，就像玛丽·奥马里所言，若是这样，就让我的心破碎，因为当我的心碎了，我的心就打开了。我只能向他们和他们的灵魂为完成旅程所作的选择表示敬意。

这样，我就能够决定，在和他们的关系中，我是谁。

在和世界上饥饿儿童的关系中，我是谁，以及我选择成为谁?

在和被压迫、被蹂躏的人的关系中，我是谁，我选择成为谁?

在和愤愤不平、处境不利、不受保护、无依无靠、被排挤、被剥夺的人的关系中，我是谁，我选择成为谁?

这就是问题所在。这就是生命给我的让我做出决定的机会。同样，在和自己好得难以置信的运气、我与生俱来的天赋、我培养出来的才能、我所表达的善意、我一直以来得到的机会、我所拥有的智力、我所获得的成功的关系中，我是谁，我选择成为谁?

我想要用生命来做什么，我想要用我的神圣自我来做什么?这就是问题所在。这就是生命给我做出决定的机会。我所活出的生命，即我的决定和回答。

你正面对同样的机会。我就知道这么多。宇宙正在为你密谋。它在每一刻都为你安排了一切恰当而完美的人物、环境和情形，来让你回答生命唯一的问题：你是谁？

你做出决定了吗？

我相信你也知道，做出任何决定有两种方法。一种是做出决定，一种是不做决定。但你要永远记住，**不做决定也是一个决定。**

重要的是，不要让你自己被你的不作为所定义。假若你在经由不做决定而做出决定，那么你就是在犯一个错误。若你不小心的话，你所做的最大决定，或许就是你从来没有做出决定。

因此我们都要明白：生命即决定。你始终在做出决定……凭你所抱持的每一个真相，你所思考的每一个想法，你所表达的每一种情感，你所创造的每一种经验……你在决定你是谁，你选择成为谁。

每一个行为，都是一种自我定义的行为。

在人类集体经验中的所有改变，都由人类的集体经验所创造，而你的个体的人生经验中一切改变，则是由你生活中的个别经验所创造。我在前面说过这一点，我还要重复一遍：生命是一种自给自足的能量，生命会自我滋养和自我创造，生命是一个通过生命自身的过程来向生命讲述生命的过程。

当你的生活中发生了一个改变，这是因为你生活中有什么行不通了，而你就会寻求改变它。你或许认为自己并没有这么做。你可能并不会有意识地觉知到自己是在这样做，但是，我保证，你的确是在这么做，你和那些与你一起共同创造的人们一起。

让我来给你举一个例子，看看这是怎样发生的。

一个人每天下班回家，对自己的工作在心中都会怀着愤恨之情。他不再喜欢自己的工作，看不起他的老板，鄙视他的同事们，厌恶整个公司。虽然他很聪明，但他还没看到丝毫能找到另一份工作的希望，因此，他将自己的真实感情极力掩饰。他并不抱怨，也不批评，不将反感表现出来，表面上什么也看不出来，他只是一个忠实的模范雇员。

几个月之后，他突然被解雇了。他想不明白他究竟做了什么让自己落到这样下场？他没做任何事情。答案是，他什么也没做。但他确实做了什么而导致了这种情形。他的负面能量，虽然是内在的和隐蔽的，但是，它创造了一个能量场，这个能量场导致了他突然面对的结果。

这你相信吗？你是否相信这种事会发生？相信我，事情就是这么发生的。

“一个人如何思考，他就成为一个什么的人。”假若他白天夜晚都在想：“我讨厌这个地方，我希望我再也不用待在这儿了。”他的愿望就会成为现实，就算他从来没有说过这样的话。

生活就如一个从魔瓶里冒出来的魔鬼，它对你说：你的愿望就是我的命令。

现在，让我们来看看你自己目前的状况。和上面提到的那个不喜欢自己工作的人不同，现在在你的生活中发生的是一个你所不希望的改变（就算在你最隐秘的思想中也是这样），一切都和你的意愿相悖。那么，这是怎样运作的呢？

很简单。你或许并不希望这种改变发生，但在某个层面上，你一定已经知道它有可能会发生。在你心中，你并非只是略知一二，而是清清楚楚。

正是你这种知晓而不是你的希望，制造了极其强大的能量。实际上，知晓每次都会胜过希望。这是由于，知晓的背后有着无比巨大的力量，希望则是软弱无力的。“确知”是一种可以移山的信念。有人说过：“你知道是什么样的，它就是什么样的。”

你能够希望中一百万元的彩票，但假若你知道，中奖的几率很小，那么，你的机会就很小。你能够希望自己和班级里人见人爱的女孩约会，但假若你知道，你的机会并不大，那么，你的机会就不大。你能够希望发生在你生活中的巨变没什么大不了的，但假若你知道，这种机会并不大，那么，你的机会就不大。

啊，没错，“要是希望成真就好了……”

嗯，希望是一个极好的开始。但是最后，你必须将这个希望变成一种认知：你的希望将会成真。你必须知道，它会变成现实。

但是，倘若最终它还是没有发生，你会做何解释呢？

你必须让自己记住，你永远是在创造的三个层面上创造：潜意识层面、意识层面和超意识层面。正是在超意识层面，你同其他灵魂一起共同进行协作，以创造完美的条件，让灵魂可以进化至下一个更高的层次。

所以，你所创造的现实，你现在正在体验的改变，并不是你一个人独自创造的。实际上，是你和他人合作创造了它。在你生命的游戏中，一切其他“角色”和你一起创造了它。你们出于你们中很多人都很清楚的原因，以一种服务于你们所有人计划的方式，一起创造了这样的后果。

也可以换一种说法，所有事物的发生，都是为了让你变得更好。

当你知道，所有都是为了变得更好而发生的，那么，发生的所有就不会给你带来问题。具有讽刺意味的是，当发生的一切没有给你带来问题的时候，你就会建立起一个和宇宙相和谐的平静的能量场，这样，宇宙的吸引力法则就会将更多的宁静与和谐吸引进你的生活。

你的灵魂知道，这种共同创造的过程从来不会侵犯任何人的个人意愿，没有什么会违背你的内在意愿而发生，甚至你的死亡也是这样。

鉴于你是谁，你是什么（神性的个体化），所有违背你至高意愿的事情都不可能发生。生命的相互交织总是彼此相和谐的。所以，你必定已在某个层面上同意了一切已发生和正在发生的事。假若它发生在你身上，它就是经由你而发生的。

这就是灵魂永远不会不快乐的原因。灵魂总是会得到其所希望得到的。灵魂为什么要不快乐呢？

为什么灵魂会想要它所得到的则是另一个问题，而答案是：总有一个和灵魂的进化意愿有关的原因。有时，灵魂通过放弃心智所希望的、他人可能需要的或某种情形所需要的来加快进化。心智或许并不总是可以安然一接受，但灵魂却永远这样。

因此，不要自责。不要由于你有意识或无意识造成的你认为是不好的后果，而错怪自己、自我谴责或自我惩罚。相反，要对自己富有同情心，假若你并不明白产生这些后果的更大原因，那就赞扬自己，因为你可以面对它们，然后祝贺自己，因为你经受了它们，并最终为你自己庆祝，因为你终于明白了它们所导致的后果给你带来的好处。

当你先得出了这个最终的结论，你就会知道，你已改变了自己关于生命的观念。你会将生命及其中的一切看成是一种机会，而非障碍；是一种幸运，而非不幸；视为一份礼物，而非骗局。而你对生命本身的态度，会于生命自身中重新创造生命。

在你改变你对生命及其目的观念之后，你离改变关于你自己是谁的观念，也就是改变你的身份，只有一步之遥了。改变你的身份，你就会改变所有。

小休一下

当你准备好了，那么，我们就继续。

莎士比亚说得对极了：霍雷肖，在天地之间，还有比你的哲学所能梦想到的更多的东西。

九大法则中的最后一个法则，可以是一个非常好的开端。若整个人类的思考方式都转变为这种新的思考方式、新的对待生活经验的方式，那么，世界上所有生命的每一天每一刻，都将永远改变。

现在，我邀请你做出这个最后的改变。

法则9:和生命更大的源头保持联结

当我还是一个孩子的时候，实际上，从我八九岁开始，直到我离开父母的家为止，我父亲都在反复问我同一个问题。一般，每隔一周他就会问我：

“不论怎样，你以为你是谁……”

他的问题源于失望，但假若他认为他感到失望，那么他就应该已活在我的现实之中！我那时并不知道我是谁，或我在这儿做什么，我对生命是怎么回事或它会这样的原因毫无概念。我无法理解生活，也无法同意它，也不想成为它的一部分。然而，从中脱身并非一个诱人的选择。

事实上，有几次，我真的想过自杀，或许这会是一个办法。我现在非常高兴地说，我度过了那段时间，而没有结束一个灵魂所可以拥有的最壮丽的经验。我的历程的确有点儿起起伏伏，崎岖坎坷，但是我做到了。

我当时希望在什么地方会有一个答案，能够回答这一切。有一个能解释这一切的理由，有一种让这一切都说得通的办法。我想，一定有什么我不明白的东西，假如我明白了，我就可以改变一切。

在我和上帝对话之后，我知道，我永远无法从心智所掌握的过去的资料中找到答案。我知道，我必须通过某种方式和一个更大的源头相连。我知道，我必须和我的灵魂保持固定的联结。

我有自己的方法来这样做。我已说过，冥想的方法不止一种。我在前面描述过的冥想方法是其中的一种，这是一种很好的方法，能够让心智安静下来，并和灵魂相连。但这并非唯一的方法，也无需是所有人的最佳方法。

许多人发现，他们很难让自己静坐冥想。他们觉得，冥想好像是一件和他们无缘的事。我有非常长的一段时间就是这样认为的，因为我天生是一个没有耐心的人，静坐冥想，简直让我难以忍受。

后来，有人将“行禅”方法介绍给我，这让我对“冥想”的看法改变了。突然，冥想成了一件我能够做的事了。

当我开始学习行禅后，我对冥想的整个观念完全改变了，我变得对正在发生的所有有了一种更清晰、更简洁的画面。我之前认为，冥想就是“将头脑中的一切清除”，将空间腾出，让“空”出现，这样自己就可以进入意识，来到“所有背后的空无之中……”或者诸如此类的说法。

我原以为，我应努力“让自己的头脑变空”。我应坐在一个地方，将双眼闭上，“什么都不想”。这种想法让我发疯，因为我的头脑从来没有停过！它一直在思考，思考，思考着什么。因此，我从来就不擅于盘腿而坐，闭上眼睛，专注于空无。这让我感到沮丧，因此我几乎从来没有冥想过，我也对那些自称坚持冥想的人羡慕不已（虽然我暗地里怀疑，他们是不是真的在冥想，或者只是做做样子，跟我做冥想时的情况差不了多少）。

后来，我生命中遇到的一位大师告诉我，我对究竟什么是冥想的想法大错特错了。她说，冥想和空无没有关系，而和专注有关。她并没有建议我去静静地坐着，什么也不想，而是建议我练习“行禅”，即在行走时停下来，专注于我所看到的特定的东西上。

她说：“比如说，一片草叶，专注于它，端详它，聚精会神于它。思考它的每一个方面。它看上去是什么样的？有哪些具体特征？摸上去的有什么感觉？有什么香味？和人相比，它的大小怎样？凝视它。关于生命，它告诉了你什么？”

她接着说："完整地体验青草。将鞋子和袜子脱下，光着脚走在草地上行走。只想着你的脚，除此之外不要想任何东西。专注于你的脚底，专注于你的脚底正在感受的感觉。告诉你的头脑不要注意任何其他东西，只专注于那一刻。除了来自你脚底的资料之外，忽略其他所有你正在接收的资料。假若将双眼闭上会对你有帮助，那就将双眼闭上。

"故意缓慢地行走，让每一步缓慢柔和的步伐告诉你草地的感受。然后将双眼睁开，看着你周围的草地。除了从你的双眼和脚底接收到的有关草地的资料之外，忽略其他的一切资料。

"现在，专注于你的嗅觉，看看你是不是可以闻到青草的味道。除了从你的鼻子、眼睛、脚底传来的有关青草的资料之外，忽略一切其他进入的资料。看看你是否能这样专注。假若可以，你就会以自己以前从来没有过的方式体验到青草。你会在一个更深的层次上比以往任何时候都更了解青草。你永远都不会以相同的方式再一次体验它。你会认识到，你的整个一生，都一直在忽视青草。"

接着，我的老师说，用相同的方式去感受一朵花。"思考它。端详它。一心一意地想着它。思考它的每一个方面。它看上去是什么样子的？有哪些具体特征？摸上去有什么感觉？有什么香味？和你相比，它的大小怎样？凝视它。关于生命，它告诉了你什么？”

接下来，她说：“完整地体验这朵花。将其靠近你的鼻子，再一次闻它的气味。除了你的鼻子，什么也不要想。专注于你的鼻子，全神贯注于你现在的的体验。告诉你的头脑只体验此刻，其他的什么也不要想。忽略一切其他你正在接收的资料，只注意来自你鼻子的资料。假若你觉得将双眼闭上会有帮助，那就闭上双眼。

“现在，专注于你的触觉，仔细地触摸这朵花。在触摸它的同时，闻花的味道。除了来自你指尖和鼻子的资料之外，将其他一切正在接收的资料忽略。现在，将双眼睁开，仔细看着这朵花。当你稍稍离远一点，这样，你就可以看着它、触摸它。

“看看你是不是还能闻到花香，看看你是不是可以这样专注于它。假若可以，你就会以自己之前从未有的方式来体验花朵。你会在一个更深的层次上比以往任何时候都更了解花朵。你永远都不会以相同的方式再一次体验它。你会认识到，你的整个一生，都一直在忽视花朵。”

接着，她说，以相同的方式去注视一棵树。走到一棵树面前，并专注于它。

“仔细端详它。全神贯注于它。思考它的每一个方面。它看起来的是什么样的？有哪些具体特征？摸上去是什么感觉？有什么香味？和你相比，它的大小怎样？凝视它。关于生命，它告诉了你什么？”

她接着说：“完整地体验这棵树。将你的手放在树上，感受它的全部。除了你的双手之外，什么也不要想。专注于你的手，全神贯注于你现在的体验。告诉你的头脑，什么也不要注意，只专注于此刻。除了你正在从双手接收到的资料之外，忽略一切其他你正在接收的资料。假若你觉得闭上双眼会有帮助，那就将双眼闭上。

“现在，专注于你的嗅觉，闻树的气味。在你闻树时，继续抚摸树的表皮。除了从你指尖和鼻子接收到的资料之外，将其他一切你正在接收的资料忽略。现在，睁开眼睛，仔细看着这棵树。抬头看着它，看你是否能想象自己正在爬向树顶。现在，你后退，这样，你就能够看到整棵树，看看你是不是还可以闻到树的气味。继续触摸它，看看你是不是可以这样专注于它。假若可以的话，你就可以以自己之前从未有的方式来体验树木。你会在一个更深的层次上比以前任何时候都更了解树木。你永远都不会以相同的方式再一次体验它。你会认识到，你的整个一生都一直在忽视树木。

“现在，离开这棵树，和它失去一切接触。当你从更远的地方看着它的时候，看看你能否如你正站在它面前一样，将对这棵树的体验带入到你的心智中。完整地体验它。假若你从非常远的地方都可以闻到树的气味，你也不要惊讶。假若在某种意义上，你甚至能从你所在之处‘触摸到’树，你也不要惊讶。

实际发生的情形是，你已将你自己向树的振动开放了。你是‘获得了感应’。看看你可以后退多远，依然能够和树保持‘接触’。当你失去对树的体验的时候，向树的方向往回走几步。看看这是不是有助于你重新获得与树的接触。”

她说：“这些练习会帮助你在更高的层次上专注于你所想体验的事物。”

“现在，去步行。在你居住的地方漫步。不管是在乡村，还是在城市，这并没有关系。慢慢地走，但要专注。观察你的周围，让你的双眼停留在每一个地方。当你的双眼发现了什么，全神贯注于它。

“它可以是任何东西，一辆装垃圾的卡车，一个停车标志，人行道上的一条缝隙，路边的一颗鹅卵石。从你所在的地方仔细端详它。专注于它。思考它的每一个方面。它看上去是什么样子的？有哪些具体特征？从你所在之处，你对它有什么样的感觉？它有什么香味？你能不能从你所在之处闻到它的气味？和你相比，它的大小怎样？仔细端详它。关于生命，它告诉了你什么？

“继续行走。一路上，挑选三样你要这样专注的东西。这样的行禅应该至少花上一个半小时。一开始，你无法用更短的时间来专注于三样东西。到了后来，你就能在一瞬间一纳秒中完整地体验一样东西。但现在，你才刚开始练习。

“这就是行禅，而你这样做就是要训练你的心智不再忽视你正在体验的所有。你正在训练你的心智专注于体验一个特定方面，这样，你就可以完整地体验它。”

这样练习行禅三周，我的老师告诉我：“你就再也不会以相同的方式来体验生活了。”接着，你就会迈出行禅的最后一步。你可以在户外行走，或在室内行走。事实上，你能够在任何地方行走，从卧室走到厨房也可以。有许多东西可以注意，有许多东西可以触摸，有许多东西可以体验。只是在一条地毯上，你就可以花上三个小时。

这一次，她说：“不要挑选你所看到或遇到的事物的任何特别的部分。努力体验它的整体性。努力去拥抱它的全部。”

“纳入整个画面。假若将双眼闭上会有帮助，那就先将双眼闭上。闻你正在闻的气味，聆听你正在听的声音，感觉你正在‘感觉’的空间。然后，将双眼睁开，把你的视觉也纳入其中。看着你正在注视的一切，不去特别注意什么。看到它的全部，闻到她的全部，感受它的全部。假若一开始这让你不知所措，那就重新专注于它的一部分，这样你就不会在心灵上失去平衡。

“有了足够的练习，你很快就可以行走到任何空间或地方，并开始在某种程度上体验到它的全部。于是，你就会认识到，你事实上是在走回家。你已提高了你的觉知，提升了你的意识，扩展了全然临在于当下的能力。

“现在，当你闭上双眼这样做。当你坐下时，你就是在进行‘坐禅’。哇！就这么简单！”

接下来，我会告诉你怎样练习“停禅”。现在，练习步行就行了。我以前从来没有想到过，我这样说话是客气的，但确实是！

小休一下

当你准备好了，那么，我们就继续。

停禅

冥想的方法有许多，当我明白了这一点，我觉得这真是一个神奇的发现。

对我而言，最有力的的冥想方法之一就是我所说的停禅。我之所以认为它这么有力，是因为你可以在任何地方做停禅，而且仅需花很少的时间。所以，它很适合那些“忙个不停”的大忙人。

停禅的意思就是停下来。即，我们暂停自己正在做的无论什么事，并专注于它。我们在那一刻仔细分析它，然后端详它的某一个方面。

这和行禅有点不同，因为它不需要像行禅那样花上半个小时或更多时间。在做行禅时，我们故意步行，故意专注于一个故意的体验上。在停禅中，我们根本用不了那么多的时间，而我们却可以做相同的事：**专注。**

停禅可以在很忙碌的一天中进行。结合坐禅和行禅，它能够极大地改变你的现实，并在非常短的时间内提升你的意识。就算你只做停禅，它也具有转化的力量。

停禅是这样进行的：你在今天（每天）要六次停下你正在做的事，每次停顿十秒钟，并专注于它的某一部分。

比如说，你正在洗碗。停顿十秒钟，就在你洗碗的过程中停顿十秒钟，并专注于你正在做的事的某一个方面。你可以看着自来水，看它飞溅在盘子上。看看你是否可以数清碗碟上有多少滴水珠滴落在你手上，只是数数水滴。我知道，这是一个不可能完成的任务，但不管怎样，还是这样去做，只用十秒钟的时间。

思考水的神奇。深深地看着它，让它进入到你的意识中。看看你在其中体验到什么，看看你发现了什么。只停顿一会儿，并以一种独特的方式来体会这一刻。

好，现在十秒钟到了。现在，让你自己从这种高度专注的现实中脱身，并返回到你的更大的体验空间中。不要在其中“迷失”了。快速地眨眼，或打个响指，从中跳出来。然后，注意在刚才短暂的一刻中你体验到了什么。

现在继续做你刚才在做的事。但假若你对这件事的体验有了一种全新的品质，你也无需感到惊讶。

你刚才所做的，是真的在体会一件事。“体会”一件事就是要让它在你的意识中变大。当你练习停禅的时候，你就将你生命的价值，以及生命本身的价值增加了。根据我自己的经验，这必然会带来内心的平安。

为了提醒自己一天这样做六次，你或许希望身边有一个计时器，或者设置手表报时。以后，当你养成了习惯，停顿就会自动来找你，你无需提醒就可以做到。

走在街上，你会停下片刻，选择你所看到的一样东西，以一种更深入的方式看着它。你会知道你已知道了什么，但你会以一种更深刻的方式了解它。这即所谓的再次知道，或“重新认出”。

你整个人生的目的仅此而已：再次知道、重新认出什么才是真实的，以及你自己真正是谁。

可以这么做的方法有上千种。或许是你在商店的玻璃橱窗中看到自己的影子。或许是你看见一辆驶过的公共汽车。或许是你在街上发现一只狗，或许是看见你脚边有一颗石子。你在这十秒钟内专注于什么并不重要。只是停下一小会儿时间，以一种非同寻常的方式体会这一刻。

我会定期做这样的停顿，站着淋浴是这些时刻之一，吃东西也是。将一粒豌豆或玉米从盘子里舀起，思考它，体会它。全然而完整地品尝它的滋味。你的吃饭时间就再也不会和以前一样。你的淋浴时间就再也不会和以前一样。你自己就再也不会和以前一样。

这就是停禅。一天只需一分钟的时间。六十秒钟，分成了六个十秒钟的片刻。在这六个片刻中，你就有可能会获得神圣的体验。

就在今天，在你正在做事时，停顿片刻。只需要停下来，深深地注视这一刻。若没有什么，那就将眼睛闭上，专注于你自己的呼吸。体验生命的纯粹能量进入和流经你的身体。

就在这一刻，聆听自己的呼吸，专注于自己深深的呼吸。只是聆听你自己，就会让你想更深入这种体验，所以，你就会开始更深地呼吸。这是一件很美妙的事，一件非同寻常的事。只要停下来，就会让你深入。深入你的经验，深入到上帝的心智之中。

我有一个冥想计划，我将它推荐给了很多人：

1. 在早晨练习行禅；

2. 在白天做六次停禅；

3. 在晚上练习坐禅。

一切这些冥想的目的，都是要培养你专注的能力，帮助你将注意力专注于自己的体验上。专注的目的在于：它可以让你身处当下。

专注于当下会将你从昨天或明天拉回到现在。你并不存在于那些幻想之中。你唯一的现实就是此刻，就在此时此地。

你会在这样的觉知中找到平安。同样，你也会找到爱。因为平静和爱是同一的，当你进入神圣经验的时候，你也会变得合一。

现在就练习停禅。它做起来非常简单，只需十秒钟。

暂停一下

然后，十秒钟之后，我们就继续。

你是谁？

我还认识一个奇特的老师，他教给我一种叫作“谁禅”的冥想法。

它是这样的：当你在体验一种你不希望体验的情感时，你就问："谁？"

就是这样。只要对你自己说："谁？"问自己："是谁在此时此地？是谁在体验这种经验？"

假若你是独自一人，你甚至可以将它变成一种唱诵。它会变得非常强而有力。只要深吸一口气，然后呼气，轻缓而有力地唱诵："谁——"持续地发声，直到你将一口气用完。然后吸气，再次这样做。

这样做三次，你就会减缓你的振动，你看不见的部分就会有机会"现身"。

假若你不是独自一人，而是与别人在一起，或是在公共场所，你就可以用意念默念这样的唱诵。或者，你可以问问自己我上面提出的问题……

"是谁在体验这种经验？"

当然，你可以和你内在世界中的任何一个"你"认同。其中有小你与大你，受伤的你与治愈的你，害怕的你与勇敢的你，无力的你与有力的你，担忧的你与自信的你。但是，既然我们进行了这场谈话，我所希望的是，当你在做"谁禅"的时候，你会通过唱诵来让自己进入一种对你的更高自我、真正自我的觉知之中。

你并不是一个人。你并不是一个叫张三或者李四的人。你并不是你的身体，你并不是你的心智，你并不是你的灵魂，这些都是你所拥有的东西。这个拥有一切这些的你，要远大于它们中的任何一个，甚至大于所有这些的总和。

这个你是处在特定形式中的上帝，是神性的个体化，是神的一部分。并且，每个人每一个事物都是这样。

你所生活于其中、呼吸于其中、存在于其中的整个世界，就是天堂。上帝的王国并不是你努力想要回去的地方，而是你现在正生活于其中的地方。它就是你以一切的方式，永远存在于其中的地方。

这个王国有三个世界：知晓的世界、经验的世界和存在的世界。你现在的意识正专注于经验的世界，也称为物质世界或相对世界。虽然你在这儿，但你拥有的一切你在这儿用得上的工具，能够体验你来这儿所要体验的经验……那就是你是谁。

你不仅能够体验它，在你一路向前的时候，你也能够以你所抱持的最宏大梦想中的一个最宏大的版本重新创造它。这就是生命的神奇所在，这就是你的荣耀所在。

我知道，这是你看待自己方式的一个改变，你体验自己生命方式的一个改变，这是一个将改变一切的改变。

做出这个永久的改变，不只是一时之念。让它成为永恒的现在。因为我要再次告诉你，这是一个将改变一切的改变！

“去吧，去外面嬉戏！”
神说。
“我将宇宙给了你，让你可以于其中自由奔跑！
这个也拿去，
用它覆盖自己，
它叫：爱
它会永远温暖你。
还有星星、太阳、月亮！
仰望星空，
你会因它们而获得提醒，
自己的光芒！
还有眼睛……
啊，凝视每位爱人的双眸。
凝视彼此
他们将自己的宇宙给了你，
让你自在遨游。
“我已给了你想要的一切。
去吧，去吧，到外面
嬉戏！”

——《到外面去玩》 埃姆 · 克莱尔

尾声

在本书出版前，阅读过手稿及参加过我的工作坊和静修营的人，向我提出了一些意见和问题，这促使我对在这儿提出的“模型”做出几点澄清。若你也提出同样的问题，我希望这些补充会有助于你的理解。

许多人都会问我这个问题：“在因果线中，‘信念’与‘真相’的区别是什么？”

这个问题问得很好。我的回答是，在结构上，它们没有任何差别，只是在来源上有区别。

一个人的“信念”与一个人的“真相”都是观念。而在我所给出的模型中，“信念”被理解为是从一个人的认知所产生的观念，而“真相”则被理解为是从一个人的资料所产生的观念。

资料是从一个人的过去经历中得来的信息，这是保存在心智中的信息。认知，是从一个人总的人生观中得来的信息，由此又产生出这个人的视角。若这个人采取了灵魂的视角，那么，它包括过去、现在和未来的信息，而不是心智的视角，那么，认知就总会提供一个比过去的资料更宽广的视角。

也一直有人问我，在我的因果线中，怎么能够说：在人们的日常生活中，行为会导致事件。在丹佛的一个工作坊中，一位女士问我："我认识一对老夫妇，他们在自己家里遭到持枪抢劫，并被抢劫者殴打。这对夫妇的行为是怎样导致他们生活中的事件的呢？"

这使我进一步去探索因果线，并在更深的层面加以解释。

我了解到，因果线中有两张"通用牌"。即行为和事件。我之所以把它们称为通用牌，是因为它们的内容可以以单数形式（也就是作为个人）或以复数形式（也就是作为集体的人类）置于因果线中。

所有都和视角及认知有关，而我们自己，作为个人，出于个人的原因而采用自己的视角和认知。接着，随着而来的就是行为和事件，它们由我们自己和他人的视角、认知和信念流向我们每一个人。

在这儿，在因果线中，在我们的环境中存在着一种来自每个人生活遭遇的“渗透”。这种渗透会对我们每一个人在生活中所遭遇的行为和事件产生一种集体影响。但是，这并不意味着我们无法控制或创造我们的经验及现实。我们的确仍然能够这么做，因为在一件事发生之后，心智的机制会再次成为一种受个人影响的装置，回到一个人自己的资料、真相、思想、情感和经验中，并产生一个人自己的现实。

所以，可以说，罗纳德・科顿（本书前面提及他被误认为是强奸犯）的行为中，没有什么导致了他被关押十一年，是其他人的集体行为导致了这个事件。而在事件发生之后，他又重回其个人的因果线中，并产生了他自己的现实，他原谅了指控他的原告，并与对方成了朋友，他们共同写了一本关于他们经历的书。我敢说，他的现实，受到了他的因果线中的视角极大的影响，而这就产生了他自己的认知或世界观。

话虽如此，我承认，这儿所提出的模型仍然是一件在进行中的工作。它在不断改变之中，当然，它不仅适合本书，也是本书的重点。参加我的“改变一切”工作坊的人们，不但给我带来了新的洞见，并且让我开始对新的领域进行探索。你也能够做到这一点，我希望你能够。

在www.ChangingChange.net，你可以逐段、逐行、逐句、逐字地对这本书进行讨论，并提出你的问题或见解。选择了相同部分文字的其他或许已经或以后会把他们的见解或问题贴在那儿。这样你们就能够进行一场网上讨论。

这个想法是要将这本书变成了活的文字，而不是一些固定僵化的论断，一旦提出就不容置疑或挑战。对于这个想法，我感到非常兴奋，希望你也是这样。

现在，不断有人问我："我怎样才可以做出你在这儿建议的改变呢？"他们想要知道："我从哪儿开始呢？"他们真诚地问："我现在应该如何做呢？"

他们听到了这个信息，看到了他们想到达的目的地，但是他们不知道怎样"从这儿到达那儿"。

为了帮助你迈出第一步，并一路向前，我们开发了一套"改变课程"。这是一套非同寻常的资源，它会教你循序渐进地转变自己的人生。

让我做点说明。无需这套改变课程，你就可以运用你在这本书中所发现的洞见。这本书提供了你所需要的让你起步的信息，对心智的运作机制和灵魂的系统进行了解释，并为你提供了可以试验它们的机会，看看它们是否对你有用。

对于那些真正想要投身于本书所描述的那种生活的人们，对于将这所有真正视为一种实践的人来说，改变课程则是一套补充资料。

我相信，不管有没有改变课程，一个人必须具备了五大要点才可以成功地实践改变一切的九大改变法则：

1. 强烈的渴望

2. 彻底理解

3. 完全接受

4. 始终坚持

5. 乐于分享

1. 强烈的渴望。你必须渴望改变你的人生以及你体验人生的方式，它是你最强烈的愿望。上帝的任何一个造物都始于愿望。愿望越强而有力，就越有实现的可能。愿望是一种情感，而情感是宇宙中的创造性力量。很多人都认为他们无法控制自己的感情，但这正是是他们的可悲之处。强烈的渴望，这是实现改变的第一步。

2. 彻底理解。这儿所给你的是将你的现实以及你的体验方式改变的一整套技巧，当然，这也意味着改变你的生命，因为生命就是改变，改变就是生命。彻底地研读本书。若书中有什么地方你无法理解，就请访问www.ChangingChange.net，借助于网站上的资源，它们能够帮助你理解书中的内容。

这本书中所讨论的改变的过程，并非急剧而神奇地改变你生活的唯一方式，但它是一种方式。不要随手丢弃它。

3. 完全接受。你不可以三心二意。我想到了一个与鸡和猪相关的故事。一天，一只鸡和一只猪走在路上，他们发现了一块广告牌，上面写道：火腿和鸡蛋——美国人最喜爱的早餐。鸡扭头对猪大声说："看看吧！难道你这不让你感到自豪吗？"猪回答道："嗯，你就会说风凉话。对你而言，你仅仅是部分参与。而对我来说，是全身投入。"

这儿所谈的就是全身投入。这并非只接受其中的一些观念，而是接受它的全部。关键在于，这会导致一种连锁反应。一件事会导致另一件事，整体因此才会变得有意义。你无法像在自助餐厅里一样，从这儿拿一个观念，从那儿取一个主意来实现你的转变。

4. 始终坚持。改变你的生活意味着改变你的生活。她并非指决定去改变你的生活；谈论改变你的生活或阅读有关改变你生活的书。改变的过程不但要完全接受这儿的观念，而且要不断和持续地对它们加以运用，天天如此，时时刻刻如此。现在，这听起来或许如是一项艰巨的任务，但是，无需这样。它可以是一种纯粹的喜悦。然而，你必须知道，它究竟和什么有关。

一天，一位古鲁正在教导他的学生，一个弟子说："大师，您已教我们好几个月了，但是我们似乎谁都没有开悟，连开悟的边儿都未沾到。究竟如何才可以开悟呢？"

古鲁笑着说："你们必须拿一只筛子到海里去将它装满水。"

弟子们迷惑不解。他们抱怨道："他肯定不是真正的大师。谁都知道，你无法用一只筛子盛水。因为水会从筛眼里流掉的。这也是他的教诲问题所在。它们听起来不错，但是却会漏掉。"所以，弟子们离开了他。

但是，还剩下一个弟子。这位年轻的女弟子说："大师，我知道问题并非出在您的教导上，而是出在我的理解上。请帮助我理解。"

古鲁满怀同情地回答道："随我来。"她被他带到一家商店里，他买了一只筛子。然后，她被他带到海边。他指示道："请在这儿，将筛子盛满水。"

她渴望向大师学习，于是，她来到海边把筛子沉入水中。当她将筛子拿到大师面前的时候，所有的水全漏光了。他只是微微一笑，平静地说："把筛子盛满水。"于是，她又试了一次，心想大师不会让她做自己做不到的事。但一点用都没有。她用最快的速度跑回到大师面前时，水还是流光了。

他还是说："把筛子盛满水。"她又试了一次，这一次，她把筛子浸入水中，转身向他跑去，快得连气都喘不上来，但筛子里的水还是没剩一滴。

她大叫："真该死！我受够了！我这一辈子都不要做一个灵修的学生了！"她将筛子抛向空中，转身愤然离去。

"等一等！你看。"大师叫道。

女弟子转过身来，恰好看见筛子沉入海浪之中……然后沉没于水面之下消失了。

古鲁走到弟子面前，说道："你无法在这儿蘸一下水，那儿蘸一下水。这和浸水与奔跑无关。你必须让自己沉入其中，必须完全沉浸其中。"

弟子终于明白了。

5. 乐于分享。若想非常容易地到达你想要去的地方，一个方法就是和也要去那儿的其他人一路同行。你不必"独行"。你可以加入改变网的在线社区，这个社区由从世界各地而来，正在前往同一个地方的人们组成。首先，你能够在这儿获得帮助；其次，你也能够提供帮助。以及可以互相帮助。

埃姆与我已建立一个这样的在线社区。我在书中曾数次提到过它，现在，我再来谈谈它。它就是改变网。网址是：www.ChangingChange.net。

这就是我所知道的一切：我们都一起身处这个改变的时刻。

我们受邀所做的这项工作，正是我们大家的工作，而不只是你的工作或我的工作。

假若我们一起做这项个人转变的工作，我们就不但可以转变我们自己，而且，还可以转变整个世界。假若我们只转变我们自己，而不转变其他任何人，我们就没有做我们来这儿要做的事。因为我们是一体的（《与神对话》中的第一条信息）。我们替他人做的，即我们为自己做的，我们未能替他人做的，我们也未能为我们自己做。

假若我仅仅提升了我称作“我”的自我的单独部分，我就没有提升自我。这是一个开始，一个良好的开端，但它只是一个开始。最终，假若没有其他人得到提升，我仅仅治愈了六十多亿个部分中的一部分。这就如同想要通过治愈你手指上的一个细胞来治愈全身一样，这是一个开端。它当然是，但是，它它并不是终结。

这就是我为什么喜欢说：“这是我们大家的工作，不然它就没有用。”

现在，这儿有一个好消息。治愈是呈指数级增长的。能量不是以序数增长的，而是以倍数增长的。所以，把整个文明移向一种对它自身的新体验，不但是可能的（现在，有了迅捷的通信速度，更是这样），而且是极为可能的。

或者说，它将会这样发生。那么，唯一的问题是，我们会走向怎样的文化？或者说，我们正在创造怎样的未来？

一切都已发生改变，而假若我们想要它们按照我们所选择的方向改变，我们就必须改变一切！

所以，先从你自己开始，然后触及他人。

所以，我在这儿谈了一些最后的想法，但并不是告别。我真诚地希望，我们能够保持联系。

我还要在这儿为你提供一些额外的资源：

www.EmClairePoet.com

诗人的的网站，她的诗作出现在这本书中

www.MaryOMalley.com

一位人生旅途上极佳的导师和向导

www.NealeDonaldWalsch.com

我自己的个人网站

www.cwg.org

与神对话基金会的网站

www.Free2BU.com

基于《与神对话》信息的全球教育运动网站

我要以一般放在正文之前的鸣谢，来作为本书的结束。

它之所以被移至正文之后，是由于这样能够让你直接进入谈话，而无需费力地读完许多正文之前的内容。

但我这样安排，并不是想要暗示这一部分对我较不重要。我谨此对我在这儿致谢的人们深表感谢。

鸣谢

那些我曾深入地学习过他们的工作和教导的人们，有些我有幸接触过，他们对我有着很大的影响。对我而来说，在此向他们公开致谢是极为重要的。

假若本书中有任何观念被认为是有价值的，这并非由于我有多么聪明，而是由于我有幸一直得到真正富有智慧、深具洞见和清明澄澈的人们的引导，是站在巨人们的肩膀上。

这些人包括……

艾伦·科恩(Allan Cohen)

特里·科尔-惠特克牧师(Rev.Terry Cole-Whittaker)

维尔纳·艾哈德(Werner Erhard)

莱曼 · W. 格瑞斯沃（Lyman W. Griswold）

琼 · 休斯敦(Jean Houston)

芭芭拉 · 马克斯 · 哈伯德(Barbara Marx Hubbard)

杰拉尔德 · 简颇斯基(Gerald Jampolsky)

拜伦 · 凯蒂(Byron Katie)

肯 · 凯耶斯(Ken Keyes，Jr.)

伊丽莎白 · 库伯勒–罗斯博士（Dr. Elisabeth Kiibler–Ross . MD）

伊尔奇 · 李博士(Dr. Ilchi Lee)

艾克哈特 · 托勒(Eckhart Tolle)

丹尼斯 · 韦弗(Dennis Weaver)

玛丽安 · 威廉姆森(Marianne Williamson)

现在，读完了这本书，你已经听到他们的话语及他们的观念经由我流向你。对于我在书中提到的某一个概念、观念或灵感，要说具体是从这些导师中的哪一位得来的，这是不可能做到的。我对他们怀着深深的感激。

我也要特别感谢我的岳父岳母，杰里和贝丝 · 斯塔克，他们二位是我有幸认识的最优秀的人。他们是这样的善良、温柔、敏感，对他们所认识的每个人都给予关爱，极富耐心，体贴入微，宽容且乐于接纳。他们激励我成为一个更好的人。不是通过说教，而是通过榜样。他们培养了一个女儿——我的妻子，她发扬光大了所有这些品德，她是他们真正是谁的活证明。